이음

여성시대에는
남자가 화장을 한다 :

최재천

다윈의 성선택과
한국 사회

토씨 하나의 차이

단 두 문장이었다. 새로운 밀레니엄을 맞아 모두 들떠 있던 2000년 벽두에 나는 EBS TV에서 〈여성의 세기가 밝았다〉라는 제목으로 여섯 번에 걸쳐 강의를 진행했다. 그중 한 강의에서 나는 무심코 기획하지 않은 즉흥적인 발언을 쏟아냈다. "자연계를 아무리 관찰해 봐도 호주제도라는 것은 없더군요. 만일 있다면 호주는 당연히 암컷일 것입니다." 방송이 나간 다음날부터 나는 전화를 쓸 수 없었다. 그때는 아직 휴대폰이란 게 없던 시절이라 테이블 위에 놓여 있는 전화기로 통화를 해야 했는데 벨소리가 울려 받으면 다짜고짜 쌍욕이 들려오곤 했다. 하는 수 없이 전화코드를 뽑아두었다가 내가 전화를 해야 할 때에만 꽂았다가 통화를 마치면 얼른 뽑는 구차한 일을 반복하며 살았다. 전화에 의한 언어테러는 거의 1년 이상 이어졌다. 이런 와중에 어쩌다 여성들의 전화를 몇 차례 받게 되었다. 가슴이 저미도록 구구절절한 그 통화들에서 나는 호주제도가 남성들에게는 그저 빼앗기기 섭섭한 계급장 정도에 불과할지

모르지만 이 땅의 여성들에게는 종종 뼛속까지 파고드는
올무라는 사실을 깨달았다. 어차피 먹을 욕 제대로 먹어보자
작정했다. 그래서 강연도 더 많이 하고 급기야 이 책을 쓰게
되었다.

이 책이 세상에 나온 2003년 겨울 나는 헌법재판소로부터
호주제도에 관한 과학자의 견해를 밝혀달라는 요청을 받고
그해 12월 12일 호주제도의 전제인 부계혈통주의의 과학적
근거 유무 및 호주제의 존폐에 관한 생물학적 의견서를
제출했다. 그로부터 거의 1년이 흐른 2004년 12월 9일에는 직접
헌법재판소 법정에 출두해 구두로 의견을 발표하고 호주제
폐지에 반대하는 진영 변호인단의 신문에 답했다. 15분 정도
시간이 주어진 변론을 준비하며 자연계의 다양한 동물들의
행태에 대해 설명하고 싶은데 헌법재판관들이 공작새 정도는
본 적이 있겠지만 아무래도 붉은날개지빠귀, 독침개구리,

대눈파리 등은 생소할 것 같았다. 그래서 나는 파워포인트 자료를 준비했다. 헌법재판소장님이 내게 변론을 시작하라 하셨을 때 나는 파워포인트를 활용해서 발표해도 되느냐고 물었다. 아니나다를까 헌법재판소 변론에서는 파워포인트를 사용해본 적이 없단다. 세상 모든 일에는 처음이란 게 있는 법인데 시각자료를 활용하면 훨씬 충실한 변론을 할 수 있을 것 같으니 허락해달라고 거듭 요청했다. 그랬더니 정확하게 내가 예측했던 답변이 돌아왔다. 파워포인트 기계가 없단다. 그럴 줄 알고 미리 준비한 휴대용 빔프로젝터를 들어 보였다. 그랬더니 이번에는 스크린이 없단다. 재판일 며칠 전에 나는 미리 그 법정을 둘러보았다. 그 법정에서 벌어지는 재판 광경을 TV로 지켜본 사람들은 알 수 없지만, 그 법정의 양쪽 벽면은 끝없이 넓은 흰 벽이다. 나는 그 벽을 가리키며 손색없는 스크린이라고 항변했다. 나는 아마도 헌법재판소 역사상 최초로 파워포인트를 활용해 변론한 사람일 것이다.

내 발표가 끝난 다음 우선 제정신청인 대리인으로서 우리 측
변호사의 신문에 이어 이해관계인 정통가족제도수호범국민연합
대표 대리인 자격의 변호사로부터 신문이 있었다. 우리 측
변호사는 당연히 내 발표의 요점을 부각시키기 위해 예측가능한
질문을 했지만, 상대 변호사의 신문은 질문하는 태도와
억양은 물론 내용도 확연히 달랐다. 민주사회를 위한 변호사
모임과 여성인권위원회가 공동으로 제작한 〈호주제 폐지를
위한 소송백서2〉에는 변호사와 재판관들의 질문과 내 답변이
장장 58쪽에 걸쳐 기록되어 있다. 다시 읽어보니 내 답변에서
자기모순 또는 자가당착을 이끌어내어 전문가로서의 신뢰를
무너뜨리려는 상대 변호사의 시도가 만만치 않았다. 난생 처음
법정이란 곳에 불려가 때로 무례하기 짝이 없었던 변호사의
신문에 나는 참으로 용케 큰 실수 없이 무사히 잘 버텨낸 것 같다.
그날 내 변론을 마지막으로 2005년 2월 헌법재판소는 호주제
헌법불합치 결정을 내리고 2007년 말까지 법을 개정하라는

판결을 내렸다. 이에 국회는 새롭게 가족관계등록부 제도를 제정하며 2008년 1월 1일 호주제가 드디어 폐지되었다. 남편이 먼저 세상을 떠나면 아들이 호주가 되어 아들에게 예속되고, 만약 그 아들이 불의의 사고로 목숨을 잃으면 손자에게 예속되는 어처구니없는 가족제도가 이 땅에서 영원히 사라졌다. 이 책은 암울했던 우리 역사의 격동을 고스란히 지켜보며 탄생했다.

나는 사실 이런 사회 격변의 르포가 아니라 다윈의 성선택이론을 소개하기 위해 이 책의 집필을 구상했다. 1859년 찰스 다윈의 『종의 기원』이 출간되자 영국 사회는 엄청난 충격에 휩싸였다. 신의 존재를 정면으로 부정한 다윈의 자연선택이론은 비록 사회적으로 상당한 물의를 빚었지만 학자들은 곧바로 학문적 검증에 착수했다. 반면, 그로부터 12년 후인 1871년 『인간의 유래』에서 제안한 성선택이론은 사뭇 다른 대응에 부딪혔다. 껄끄러운 문제에 대응하는 최선의 방책은 무관심이다.

다윈의 성선택이론은 발표된 지 100년 동안 거의 완벽하게
무시당하다가 1970년대 미국을 중심으로 여성해방운동이
일어나며 뒤늦게 조명받기 시작했다. 그때부터 반세기가 흐른
지금은 자연선택에 관한 논문보다 성선택에 관한 논문이 훨씬
더 많이 쏟아져 나온다. 나는 어쩌다 성선택에 관한 연구가
봇물처럼 터지던 1980년대 초에 박사과정을 시작하는 바람에
자연스레 성선택 전문가가 되었다. 공식 확인절차를 밟은
것은 아니지만 나는 아마도 우리나라 사람으로는 처음으로
성선택이론에 관해 연구한 학자일 것이다. 그래서 나는 이
매력적인 이론을 우리 독자들에게도 폭넓게 알리고 싶었다.

문화평론가 조우석은 중앙일보 문화전문기자로 명성을 날리던
시절인 2007년『책의 제국 책의 언어』라는 책에서 이 책에
대해 상당히 긴 논평을 내놓았다. 그는 진화학자 중에서 특별히
스티븐 제이 굴드(Stephen Jay Gould)를 좋아했는데, 이 책을

굴드의 명저 『풀하우스』와 『인간에 대한 오해』에 비견할
만한 책이라고 추켜세웠다. 그는 "이토록 매력 있는 과학
에세이, 그것도 몇 명 안 되는 과학저술가가 쓴 잘된 논픽션이
국민교양서 반열에 오르지 못한 점을 납득할 수 없다."고 했다.
그는 이어서 "시끄러웠던 호주제 존폐에 결정적 영향을 줬을
정도로 사회적 메시지가 담긴 책이기 때문에 더욱 그렇다……
『여성시대에는 남자도 화장을 한다』는 거의 문화사적 의미를
갖는다. 조선조 이래로 가부장적 권위주의로 똘똘 뭉쳤던 한국
사회의 남성 이데올로기에 던져진 강력한 폭탄 한 방이다……
최재천이 던진 폭탄은 한국 사회가 환골탈태하는 작업에
결정적인 기여를 한 책, 사회문화적 해독제로 기억돼야 한다는
게 내 판단이다."라고 평가했다.

2004년 여름 미국동물행동학회에 참석했던 나는
해피아워(Happy Hour) 도중 졸지에 우레와 같은 박수갈채를
받았다. 그 당시 내 연구실에서 박사후연수과정(postdoc)을
밟던 미국인 남성 연구자가 그해 초 내가 호주제 폐지에 기여한
공로를 인정받아 한국여성단체연합이 수여하는 '올해의
여성운동상'을 받는 걸 보며 무척 신선했던 모양이었다. 내가
몸 담고 있는 학문인 사회생물학(sociobiology)은 하버드대 내
지도교수 에드워드 윌슨(Edward O. Wilson)이 창시한 분야인데
뜻하지 않게 등장하자마자 남성우월주의를 옹호한다는 오해와
더불어 페미니스트들로부터 엄청난 공격을 받았다. 미국의
사회생물학자들은 이 잘못 꿰인 첫 단추를 풀기 위해 이제 겨우
대화를 시작하는 단계인데 한국에서는 남성 사회생물학자가
여성운동상을 수상했다고 하니 반응이 뜨거웠다. 조우석
기자의 평가와 미국 동료들의 격려를 받아들여 진작에 영어로
출간했더라면 어땠을까 가끔 생각해본다.

책이 세상에 나온 지 어언 20년이 흘렀다. 그동안 우리 사회는 참으로 많은 변화를 이뤄냈다. 여성의 인권과 지위도 예외가 아니다. 원래 나는 출간 20주년을 기념하는 개정판을 낼 생각이었다. 거의 1년 가까이 문장을 다듬고 내용을 검토하던 나는 끝내 개정판 출간을 포기하기에 이르렀다. 지난 20년간의 변화가 생각보다 훨씬 컸다. 상당한 분량의 데이터를 업그레이드 해야 했고 평가의 관점도 바꿔야 했다. 작업의 엄청남도 솔직히 부담스러웠지만, 그보다 더 심각한 문제는 이 책이 갖고 있는 나름의 역사성을 포기하는 게 훨씬 뼈아팠다. 이 시점에서 이음의 주일우 대표는 내게 이 책의 의미를 평가하고 앞으로 펼쳐질 미래에 관해 논평할 수 있는 전문가들을 모시고 대담을 해보자고 제안했다. 막다른 골목에서 헤매던 내게 그 제안은 참으로 달콤했다. 여성학자 정희진 박사님, 서울대 인류학과 박한선 교수님, 그리고 서울대 경제학부 이철희 교수님은 더할 수 없이 매력적인 환상의 조합이었다. 이 세 전문가와 가진

대담은 단연코 이 개정판의 하이라이트를 장식한다. 이 책에
시대성은 물론이고 품격을 높여준 세 분에게 존경과 고마움으로
머리를 숙인다.

20년 전 이 책의 출간을 앞두고 제목을 둘러싼 작은 일화가
있었다. 『여성시대에는 남자도 화장을 한다』라는 사뭇 도발적인
제목을 들고 온 출판사 사람들은 나의 거침없는 대담함에
다소 주춤했다. 나는 '남자도'가 아니라 '남자가'라고 할 것을
제안했다. 책에는 구체적으로 언급하지 않았지만 나는 이미
조만간 남성 화장품 시장의 규모가 여성 화장품 시장 규모를
능가할 것이라는 주장을 거침없이 쏟아내고 있었다. 종종
도발이 판매를 부추기는 법인데 뜻밖에 출판사 사람들이 너무
앞서가지 말자고 나를 달랬다. 그로부터 20년이 지난 오늘 아직
남성 화장품 시장이 여성 화장품 시장을 압도하고 있는 것은
아니지만 그에 준하는 사회 변화는 충분히 일어났다고 생각한다.

그래서 개정판의 제목은 『여성시대에는 남자가 화장을 한다 : 다윈의 성선택과 한국 사회』라고 붙이련다. 지난 20년간의 발전이 토씨 하나의 차이는 뒷받침하리라 믿는다.

2023년 12월 9일

이화여대 통섭원에서

여성의 세기가 밝았다

우리는 참으로 엄청난 격동의 시대를 살고 있다. 한평생을
살며 새로운 세기를 맞이하는 기쁨을 누릴 수 있는 사람이
과연 몇이나 있을까? 게다가 우리는 새 밀레니엄까지 맞이하지
않았는가? 밤낮이 바뀌며 하루가 지나가는 것과 계절이
바뀌며 한 해가 흘러가는 것이야 자연이 미리 만들어 우리에게
안겨주었지만, 그런 시간들을 백년 또는 천년 단위로 묶어
거창한 의미를 부여하는 것은 필경 우리 인간의 장난이리라.
아무리 그렇다 해도 새로운 세기로 갈아타고 새로운 밀레니엄에
올라서는 흥분은 분명 예사롭지 않은 것이다. 적어도
인간이라는 동물에게는 그렇다.

천년이란 세월이 어딘지 모르게 함부로 규정할 수 없을 것 같아
그랬는지 새로운 밀레니엄에 대한 예측은 그리 많지 않았다.
그에 비하면 새 세기, 즉 21세기에 대해서는 많은 미래학자들이
앞을 다퉈 여러 가지 예측들을 내놓았다. 어떤 이는 21세기가

삶의 질을 중시하는 '문화의 세기'가 될 것이라 했다. 또 어떤
이는 21세기가 자연과학 중에서도 특별히 '생명과학의 세기'가
될 것이란 전망을 내놓기도 했다. 또 다른 이들은 우리 모두의
생존마저 위협할 '환경의 세기'가 될 것이라고 경고하기도 했다.

나는 여기에 덧붙여 21세기가 필연적으로 '여성의 세기'가
될 수밖에 없다고 감히 말하려 한다. 물론 남성은 하루아침에
다 사라지고 여성들만의 세상이 된다는 얘기는 아니다.
다만 그동안 불평등의 굴레 속에서 살아온 여성들이 드디어
당당하게 자기 자리를 찾는 그런 시대가 될 것이라는 얘기다.
즉 여성이라는 이유 때문에 할 일을 못했던 그런 시대는 이제
영원히 역사 속으로 사라질 것이며, 더 이상 성이 사회적 문제가
되지 않는 세상이 펼쳐질 것이다.

여성의 세기가 된다는 예측에는 문화의 세기나 생명과학의
세기 등에 관한 예측과 근본적으로 다른 점이 하나 있다. 문화의
세기나 생명과학의 세기가 되어야 한다는 당위성의 수준을 넘어
여성의 세기는 반드시 도래할 수밖에 없는 필연성을 지닌다.
이는 바로 다름 아닌 생물학적 필연성이다. 나는 이 책에서
여성의 세기가 왜 반드시 올 수밖에 없는가, 온다면 언제 어떤
모습으로 올 것인가, 그렇다면 그 새 시대를 어떻게 맞이해야 할
것인가에 대한 생물학적 분석을 시도할 것이다.

나는 사회생물학자이다. 생물학의 분야들을 구분하는 보다
보편적인 구도를 따르자면 주로 행동생태학을 한다고 말하지만,
1975년 『사회생물학』이라는 책을 출간하며 새로운 학문분야를
연 윌슨(Edward O. Wilson) 박사를 지도교수로 모셨던 사람으로서
스스로 사회생물학자임을 부인할 수는 없다. 그러나 내가
스스로 사회생물학자임을 밝히면서 이처럼 장황하게 서설을

붙이는 데는 다 그럴 만한 이유가 있다. 1970년대 말과
1980년대에는 그 누구도 과감히 자신을 사회생물학자라고
소개하기 어려웠다. 사회생물학의 이론들이 마치 수구세력을
옹호하는 이론들로 비춰져 그 시작부터 엄청난 비난과 공격의
대상이 되었기 때문이다.

사회생물학자로서 여성문제를 논하는 것은 더더욱 위험한
일이다. 사회생물학이 처음 등장했을 때 가장 먼저 포문을
연 분야들 중의 하나가 바로 페미니즘이었기 때문이다. 당시
페미니스트들은 사회생물학을 수컷의 바람기를 두둔하며
남성우월주의를 이론적으로 뒷받침하는 학문으로 규정하고
강도 높은 공격을 가했다. 하지만 이는 참으로 불행한
사건이었다. 몇몇 초창기 사회생물학자들이 얼마 되지 않는
자료들을 바탕으로 어설픈 결론들을 내놓은 것은 부인할
수 없지만, 사회생물학의 본질은 사실 페미니즘의 이상과

근본적으로 일치한다. 사회생물학은 그 기본을 다윈의 진화론에 두고 있다. 다윈의 진화론 중에서도 특히 성선택론에 따르면 성의 선택권은 궁극적으로 암컷에게 있기 때문에 수컷은 자연히 암컷의 선택을 받기 위해 행동할 수밖에 없다. 이처럼 사회의 중심에 궁극적으로 여성이 있을 수밖에 없음을 다윈은 이미 한 세기 반 전에 꿰뚫어보았다.

나는 감히 이 불행하게 잘못 꿴 단추를 풀어 다시 제대로 꿰는 작업을 시도하고자 한다. 사회생물학이야말로 페미니즘이 두 팔을 벌려 가장 먼저 감싸 안아야 할 학문이기 때문이다. 내 개인적인 경험에 비춰보더라도 이 점은 반드시 새롭게 짚고 넘어가야 할 일이다. 나는 가부장적 윤리관이 상당히 확고했던 가정에서 자랐다. 아내는 정반대로 지극히 개방적인 가정에서 컸다. 연애 시절에는 서로 다르다는 사실이 야릇한 매력으로 다가왔지만 막상 한 가정을 꾸미기 시작한 다음에는,

다름이란 그저 우리 둘을 갈라놓으려는 야비한 악마의 속삭임일
뿐이었다. 아내는 마치 나와 전혀 다른 언어를 사용하는, 그래서
의식구조 자체가 다른, 어느 이름 모를 행성에서 온 외계인과도
같았다. 그런 아내의 시각에 내가 차츰 가깝게 다가갈 수
있었던 것은 물론 아내의 올곧은 신념과 나에 대한 끝없는
사랑 때문이었다. 그러나 내가 만일 사회생물학을 전공하지
않았더라면 아내의 그런 신념과 사랑을 느낄 수 있는 촉각조차
얻지 못했을 것이라고 확신한다.

나는 내가 사회생물학을 전공하게 된 것을 무척이나 큰
행운으로 생각한다. 사회생물학은 말 그대로 생물의 사회를
연구하는 학문이다. 따라서 사회생물학자를 마치 유전자
결정론자로 몰아붙이는 것은 결코 옳지 못하다. 사회생물학자는
단순히 유전자만 다루는 생물학자가 아니다. 유전자의 중요성을
분명히 인식하고 있지만 그 유전자가 환경의 영향을 받으며

어떻게 발현되는가에 더 큰 관심을 가지고 있다. "여성은 태어나는 것이 아니라 만들어지는 것"이라 했던 시몬 드 보부아르(Simone de Beauvoir)의 주장에서 사회생물학자는 유전과 환경 모두를 본다. 여성과 남성이 유전적으로 다른 섹스(sex)임은 부인할 수 없는 사실이다. 그러나 그들이 만들어내는 젠더(gender)는 생물학적으로 엄청나게 다양한 뉘앙스를 펼쳐 보인다. 나는 이 책에서 그 다양한 뉘앙스에 과학적인 배경이 있음을 설명하고자 한다.

기독교 시인 오든(Wystan Hugh Auden)은 일찍이 "과학 없이는 평등이라는 개념을 갖지 못했을 것"이라고 말했다. 나는 이 책에서 철저하게 과학적인 논리로 남녀평등의 당위성을 논의할 것이다. 개인적인 감흥에 치우친 분석이나 구호성 발언은 되도록 자제할 것이다. 나는 사회정의가 반드시 투쟁에 의해 얻어지는 것은 아니라고 생각한다. 논리에 입각한 올바른

이해와 그에 따른 타협으로 구축한 평등은 투쟁으로 획득한
평등보다 훨씬 더 아름다울 것이라고 확신한다.

그 옛날 처음으로 암수가 분리된 그 순간부터 갈등은 피할 수
없는 운명이었다. 그러나 갈등을 넘어서야만 새로운 생명을
탄생시킬 수 있다는 점에서 타협 역시 어쩔 수 없는 운명이다.
나는 오래전부터 '알면 사랑한다'는 말을 이마에 써붙인 채
돌아다닌다. 서로 제대로 모르기 때문에 미워하는 것이라고
생각한다. 남녀관계도 마찬가지다. 우선 서로의 본성에 대해
충분히 알 필요가 있다. 대표적인 '앎'의 학문인 과학이 좋은
길라잡이가 되어주리라 믿는다.

이 책은 내가 지난 2000년 〈EBS 세상보기〉 프로그램에서
〈여성의 세기가 밝았다〉라는 제목으로 했던 여섯 회의 강의를
바탕으로 쓴 것이다. 당시에는 지나치게 앞서간다는 비판도

받았지만, 지난 3년간의 변화는 내가 강의에서 했던 예측들을 능가한다. 여성시대의 문은 이미 열렸다. 어떻게 맞이할 것인가를 논의하고 준비하는 일만 남았다. 그런 의미에서 이 책은 여성들보다는 오히려 동료 남성들을 위한 것이다. 우리 사회에 진정한 여성성이 회복되는 날 정작 해방의 희열을 맛볼 이들은 바로 우리 남성들이기 때문이다. 천근만근 무겁기만 한 책임의 굴레를 벗고 정말 자유로운 삶을 살게 될 이들은 바로 우리 남정네들이다. 그렇다고 비겁하게 도망갈 길을 찾자는 얘기는 아니다. 진정으로 더불어 사는 길을 함께 모색해야 한다는 말이다.

이 비겁한 남자의 등을 떠밀어 끝내 '여성 강연'을 하게 만든 EBS의 손복희, 구대성 PD, 박해정, 정재은 작가님께 원망과 감사의 말씀을 함께 전한다. 〈여성의 세기가 밝았다〉가 여성특별위원회로부터 '남녀평등방송상'을 받았을 때 함께 기뻐했던 기억이 새롭다. 그 강연이 계기가 되어 만나뵐 수 있었던 많은 여성학자들과 여성계 지도자 선생님들의 따뜻한 가르침에 머리를 숙인다. 곽배희, 고은광순, 김상희, 오숙희, 장필화, 손승영, 김성미, 조주현, 함인희 선생님께 모두 감사를 드린다. 호주제 폐지 소송을 위해 앞장서 왔고 내게 그에 관한 온갖 자료들을 제공해준 나의 오랜 친구 이석태 변호사의 변함없는 우정은 가슴 깊이 간직할 것이다. 호주제를 비롯하여 우리 사회의 여성문제에 관해 가정법원 판사님들에게 좋은 이야기를 들려달라며 저를 불러주셨던 전 가정법원장 이용웅 판사님과 고의영 판사님의 열린 마음을 존경한다. 그날 저녁 만찬에서 잔을 드시며 "최 교수 강의를 들으니 호주제는 이제 물 건너갔구먼."이라고 하시던 법원장님의 호방한 모습이 아직도 생생하다. 역시 비슷한 주제로 사법연수원 강의를 여러 차례 주선해주신 이해광 판사님께도 고마움을 전한다.

이 책이 나올 수 있도록 그동안 재정적인 지원을 아끼지
않으신 주식회사 태평양의 서경배 사장님과 재단법인
태평양장학문화재단의 김세배 이사장님께 존경과 감사의
말씀을 올린다.

마지막으로 내가 만난 최초의 진정한 페미니스트이자 나의
여성학 지도교수인 아내에게 사랑과 함께 이 책을 바친다.
머리로는 이해하는 듯하면서도 가슴으로 느끼지 못하는 이 둔한
학생을 끝내 버리지 않고 붙들어주어 정말 고맙소, 이제 조금,
아주 조금 느낄 것 같소.

2003년 3월

최재천

1

한반도에
찾아온
여성의 세기

여성들의 약진

지구상 어딘가에는 여성의 세기가 시작되었다지만 과연 이 땅에도 그런 날이 올 수 있을까 의심하지 않을 수 없다. 해마다 유엔이 발표하는 이른바 여성권한지수로 보면 아직도 세계 80위권을 헤어나지 못하는 문화후진국에 어느 세월에 그런 서광이 비치겠느냐고 반문할 수 있다. 말이 80위권이지 제도적으로 철저하게 여성을 억압하는 아랍의 회교 국가들을 제외하면 거의 세계 최하위 수준이다. 대한민국이 여성이 살기 힘든 나라라는 걸 부인하기는 어렵다. 그러나 나는 감히 이 빼앗긴 들에도 봄 기운이 이미 여기저기 싹트기 시작했다는 걸 말하려 한다. 그리고 봄이 오면 그 뒤에는 여름이 활짝 열릴 수밖에 없는 게 자연의 섭리라는 걸 강조하려 한다.

불과 3년 전 내가 〈EBS 세상보기〉 프로그램에서 〈여성의 세기가 밝았다〉라는 제목으로 여섯 번에 걸친 강의를 할 때만 해도 이 땅에 여성의 세기가 올 날은 까마득해 보였다. 그러나 지난 3년간 우리 사회에 나타난 변화를 보라. 남성의 몸으로 TV에 나와 감히 여성의 세기가 올 것이라고 예언했던 나 자신도 놀랄 정도의 변화가 일어났다. 이제 우리 사회에서도 함부로 여성을 비하하거나 차별하는 발언을 했을 경우 결코 가볍게 넘어갈 수 없게 되었다. 아주 최근에는 상황에 상관없이 어떤 형태로든 여성을 우대하는 발언을 하기 위해 적극적으로 기회를 찾는 남성들이 눈에 띄게 많아졌다. 이런 분위기들을 살펴보더라도 우리 사회가 얼마나 급속도로 변하고 있는지 쉽게 알 수 있다.

전통적으로 금녀구역이었던 분야에 여성들의 진출이 두드러진다. 연세대학교에서 개교 이래 처음으로 여학생이 총학생회장으로 당선되었다. 이어서 남성적 이미지가 강한 고려대학교에서도 여학생이 남학생을 러닝메이트로 하여 총학생회장이 되었다. 명지대학교에서도 처음으로 총학생회장과 부회장 모두 여학생이 당선되었다. 어떤 의미에서는 총학생회장 자리보다 훨씬 상징적일 수 있는 응원단장 자리에 최초로 여학생이 선출된 예도 있다. 연세대학교 응원단 역사 70년 만에 처음으로 여학생이 단장이 된 것이다.

전형적인 금녀구역인 군대와 경찰에도 기록을 세우는 여성들이 속속 등장하고 있다. 얼마 전에는 우리나라 공군 사상 처음으로 여성 전투기 조종사 세 명과 수송기 조종사 두 명이 탄생했다. 말 그대로 '여성 탑건'이 등장한 것이다. 육군대학에도 첫 여성 교관이 임명되었다. 사관학교 입학에서 여학생들이 전체 수석을 차지하는 일은 이제 그리 낯설지 않다. 최초의 여성 경찰서장과 파출소장이 등장해 매춘과 범죄로부터 이 사회를 보호하기 위해 노력하고 있다.

우리나라 철도 역사 100년에 처음으로 금녀의 벽을 넘어 첫 여성 기관사가 탄생하기도 했다. 서울지하철도 첫 여성 역장을 맞이했다. 바다에도 국내 최초의 여성 1등 항해사와 1등 기관사가 나타났다. 얼마 전에는 우리나라 70년 경마 역사상 처음으로 여성 기수가 등장하여 남성 기수들 못지않은 훌륭한 성적을 올리고 있다. 아무리 체력이 문제라지만 기본적으로 가벼운 체중이 요구되고 제도적으로 성별을 제한한 적이 없는 경마에 여성 기수가 이제야 나타났다는 것은 조금 의아스러운 일이다.

전통적인 금녀구역으로 종교계와 법조계를 빼놓을 수 없으나 이 두 근엄한 구역의 문도 어김없이 열리고 있다. 우리나라 성공회 역사 111년 만에 처음으로 여성 신부가 사제 서품을 받았다. 법조계의 여성들은 실력으로 남성들을 압도하고 있다. 근래 몇 년간 사법고시의 수석은 거의 언제나 여성들의 몫이다. 사법연수원을 졸업하는 여성들의 성적이 남성들의 성적보다 월등하게 우수하며 여성들의 상당수가 판검사를 지망하고 있어 그동안 어쩔 수 없이 남성중심적이었던 판례나 수사 관행에 적지 않은 변화가 있을 조짐이다. 드디어 최초의 여성 법무장관도 등장했다. 행정고시나 외무고시도 예외는 아니다. 최근 행정고시의 여성 합격자 비율은 전체의 4분의 1을 넘어섰고 외무고시는 거의 절반에 육박하고 있다. 서울시의 신입 여성 공무원의 수는 이미 남성을 능가한다.

다른 분야에서도 여성의 약진은 괄목할 만하다. 2001년 통계청 발표에 따르면 우리나라 사업체 전체의 3분의 1을 여성 사장이 이끌고 있는데, 그 수가 이미 100만 명을 넘어섰으며, 2003년에는 더욱 가파르게 증가하고 있단다. 금융계의 경우 최근 들어 여성 지점장들이 대거 등장했다. KBS에서는 지역방송의 사장 격인 첫 여성 총국장이 탄생했다. 2002년 《조선일보》 제24기 신입기자의 절반이 여성이다. 이 중에는 《조선일보》 83년 역사상 처음으로 여성 사진기자도 포함되어 있다. 2003년 1월 13일자 《우먼타임스》는 이를 보도하며 "조선일보도 못 비켜간 시대의 대세 '女風'"이라는 제목을 뽑았다.

근래 최악의 구직난을 겪고 있는 대졸 신입사원 공채에서도 여성들이 약진을 거듭하고 있다. 특히 정보통신과 금융 분야에서 강세를 보인다. 입사지원서류에 사진을 요구하지 않으며 성별을 묻지 않는 이른바 '열린 인사제도'를 채택하는 기업들이 느는 것과 무관하지 않은 현상일 것이다. 실력으로는 결코 뒤지지 않음이 증명되고 있다. 우리나라의 여성인력 활용도가 아직 경제협력개발기구(OECD) 30개 회원국 중 최하위에 머물고 있고, 최근 향후 2년 내에 기업 이사회의 여성 비율이 25%를 넘지 않을 경우 여성 쿼터제를 도입할 것이라고 발표한 스웨덴에 비할 바는 못 되지만, 상황이 나아지고 있는 것만은 분명하다.

이 모든 변화의 근본은 말할 나위도 없이 교육에서 출발한다. 서울대를 비롯한 국내 대표적인 대학에서 단과대학 수석졸업을 여학생들이 휩쓰는 것은 이제 전혀 새로울 것도 없는 일이다. 이 같은 현상은 전통적으로 남학생들이 강세를 보여온 법대, 공대, 경영대 등에서도 예외 없이 일어나고 있다. 과학고등학교를 비롯한 특목고와 의예과 등 대학의 인기 학과들에도 여학생들의 진출이 뚜렷하게 늘었다. 미국의 경우 대학 신입생 중 여학생의 비율이 50%를 넘은 지 이미 오래되었다. 80년대 중반부터 절반을 넘기 시작한 여대생 비율이 최근에는 거의 60%에 육박하고 있고 2010년에는 70%에 다다를 것이라는 추측이 나오고 있다. 여학생의 우세는 대학원에서 더욱 두드러져 이미 60%를 넘어섰다. 비슷한 현상이 우리나라 대학원에서도 부분적으로 나타나고 있다. 내 실험실만 해도 이미 몇 년 전부터 여학생 비율이 75%를 넘어섰다. 얼마 전 우리나라를 예방한 헬렌 클라크(Helen Clark) 뉴질랜드 여성 총리의 말대로 "여성이 사회 주류로 등장하는 것은 시간문제"인 것 같다.

호주제는
생물학적 모순

지난 몇 년간 그야말로 놀라운 성장을 거듭하고 있는 우리 여성계의 목표는 한마디로 가부장적 가치관을 타파하는 것이다. 구체적인 전략으로 우선 호주제를 폐지하는 일을 추진하고 있다. 약 3년 전 내가 호주제의 생물학적 모순을 공개적으로 지적했을 때만 해도 갈 길이 퍽 멀어 보였던 호주제 폐지 움직임이 이제 그야말로 초읽기에 들어갔다. 바야흐로 광범위한 전국민적 공감대가 형성된 느낌이다. 이제는 시행시기만이 문제인 듯하다. 지난번 대통령 선거에서도 이런 추세를 재빠르게 간파하고 과감히 폐지 쪽의 손을 들어준 후보들이 여럿 있었다. 새 정부가 이미 호주제를 폐지하고 '1인 1적제'를 채택할 것을 심각하게 고려하고 있다고 한다. 시행단계에 어려움이 없는 것은 물론 아니겠지만 호주제는 조만간 구시대의 유물이 될 것이다.

호주제는 우리 사회에 뿌리박고 있는 고질적인 가부장적 가치관에 근원적인 빌미를 제공한다는 점에서 우선적으로 폐지되어야 한다. 더구나 호주제는 전혀 생물학적이지 못한 제도이다. 어쩌다 보니 인간세계는 아들이 필수적인 존재가 될 수밖에 없는 지극히 인위적인 제도를 만들어냈지만 자연계 어디에도 아들만 고집할 수 있는 동물은 없다. 만일 있었더라면 일찌감치 멸종하고 말았을 테니 말이다.

누구나 아는 사실이겠지만 수컷만으로는 번식을 할 수 없다. 기독교에서는 하느님이 아담을 먼저 만들고 그의 갈비뼈를 뽑아 이브를 만들었다고 가르치지만 생물학적으로는 결코 있을 수 없는 일이다. 암컷이 먼저 생겨나고 나중에 부수적인 필요에 의해 수컷이 만들어졌다고 보는 것이 논리적으로 훨씬 더 타당하다. 지구상에는 수컷을 만들어내야 할 필요를 느끼지 못해 여태 암컷들끼리만 사는 생물종들도 있고, 수컷들과 함께 살다가 결국 없애버리고 암컷들만 남아 살아가는 종들도 있다. 하지만 암컷들을 죄다 없애버리고 수컷들끼리만 사는 종은 이 세상 어디에도 없다.

현재 기독교인들이 사용하고 있는 정경서에는 나타나 있지 않지만 몇몇 다른 옛날 자료들에 보면 아담에게는 릴리스(Lilith)라는 첫 부인이 있었다고 한다.『벤 시라의 알파벳(Alphabet of Ben Sira)』이라는 16세기 책에 보면 릴리스가 아담의 성적인 쾌락을 위해 만들어진 것으로 적혀 있다. 그러나 막상 성관계를 갖게 되면서 이 둘은 인류 최초의 부부싸움을 하게 된다. 아담이 다른 동물들처럼 뒤에서 접근하는 것보다 자신이 위에 있는 정상위를 요구했기 때문이다. 우리가 하는 성체위 중 남녀가 서로 마주 보며 성관계를 갖는 정상위를 영어로는 이를테면 선교사 체위(missionary position)라고 부른다. 성관계 중에도 마주 보며 대화를 나누라고 신이 우리 인간에게만 특별히 허락했다는 체위다. 하지만 최근 일명 피그미침팬지라고도 부르는 보노보

(bonobo)들은 그들이 갖는 성관계의 거의 절반을 정상위로 한다는 관찰결과가 나왔다. 이를 두고 인간의 존엄성이 상당히 훼손된 것으로 간주하며 심각하게 받아들이는 학자들이 적지 않다. 어쨌든 아담의 요구에 릴리스는 "우리 둘 다 똑같이 이 땅에서 왔거늘 내가 왜 당신의 밑에 들어가야 하느냐"며 거절했다고 한다. 결국 릴리스는 이 사건으로 에덴에서 쫓겨나고 말았다. 서양의 여성학자들은 이 신화를 놓고 사실은 릴리스가 먼저 만들어지고 그의 갈비뼈로부터 아담이 만들어졌을 것이라고 분석한다.

유성생식을 하는 생물들은 모두 난자와 정자가 결합하는 수정과정을 거쳐 탄생한다. 감수분열이라는 특수한 세포분열 방법을 통해 암컷과 수컷은 각각 난자와 정자에 자기 유전자의 절반만을 넣는다. 그래서 그 반쪽 유전자들이 만나 하나를 이뤄야 새로운 생명체가 탄생하는 것이다. 이런 점에서 볼 때 번식에 대한 암수의 유전적 기여도는 완벽하게 똑같아 보인다. 하지만 수정과정을 보다 자세하게 들여다보면 상황은 많이 달라진다.

우리가 흔히 유전자라고 부르는 것들은 대개 한데 뭉뚱그려 세포의 핵 속에 들어 있는 DNA를 의미한다. 그러나 세포 안에는 핵뿐만 아니라 많은 세포소기관들이 있다. 그중에 세포가 사용하는 에너지인 ATP를 만들어내는 미토콘드리아라는 소기관이 있는데, 세포 내의 발전소와 같은 곳이다. 그런데 신기하게 도 이 미토콘드리아 안에는 핵의 DNA와 다른 그들만의 고유한 DNA가 들어 있다. 이것이 그 옛날 세포가 진화하던 초창기에 는 미토콘드리아가 독립적으로 생활하던 박테리아였다는 결정 적인 증거다. 이른바 공생설이라고 부르는 진화생물학 이론은 서로 다른 박테리아들이 공생과정을 통해 오늘날의 세포를 형 성하게 되었다고 설명한다.

따라서 핵이 융합하는 과정에서는 당연히 암수의 유전자가 공 평하게 절반씩 결합하지만 핵을 제외한 세포질은 암컷이 제공 하는 것이기 때문에 미토콘드리아의 DNA는 온전히 암컷으로 부터 온다. 바로 이런 이유 때문에 생물의 계통을 밝히는 연구 에서는 미토콘드리아의 DNA를 비교 분석한다. 철저하게 암컷 의 계보를 거슬러올라가야 한다. 전통적으로 남자만 이름을 올 릴 수 있는 우리 족보와는 달리 생물학적인 족보는 암컷 즉 여 성의 혈통만을 기록한다. 수정과 발생의 과정에서 남성이 주도 권을 쥐어야 한다는 강박관념 때문에 17~18세기 생물학자들은 사뭇 억지스러운 이론을 내세웠다. DNA의 존재를 모르던 시절 이긴 하지만 당시 생물학자들은 정자 안에 이미 작은 인간이 들 어앉아 있다고 주장했다. 씨는 이미 남성에 의해 결정되어 있고, 이름하여 '씨받이'로 간주된 여성은 그저 영양분을 제공하여 씨 를 싹틔우는 밭에 불과하다는 설명이었다. 참고로 식물의 씨는 이미 암수의 유전자가 결합을 끝낸 작은 생명체이다. 정자 속에 이미 작은 사람이 들어 있다는 이론을 받아들이면 실로 어처구니없는 모순에 빠져든다. 마치 러시아의 전통 인형처럼 그 작은 사람의 정자 속에는 더 작은 사람이 웅크리고 있어야 하고, 또 그 사람의 정자 속에는 더 작은 사람이 있어야 하고, 그 사람의 정자 속에는 또 더 작은 사람이 들어 있어야 하는 식의 무한대의 모순을 범할 수밖에 없다.

정자가 처음 관찰된 것은 17세기 초반이었다. 정액 속에서 올챙이처럼 꼬물거리는 정자들을 처음으로 관찰한 생물학자는 그들을 기생충으로 생각했다. 그 작은 '동물'들이 남성의 몸에서 유전물질을 안고 여성에게 전달한다는 사실은 그 당시로는 상상하기조차 어려운 일이었을 것이다. 정자와 비교해 엄청나게 큰 난자의 정체가 밝혀진 것은 이보다 훨씬 후인 19세기 초반이었다. 그리고 난자와 정자가 결합하여 새로운 생명체를 생성한다는 인간의 수정과정이 밝혀진 것은 19세기 후반이었다. 하나의 생명체를 만들어내는 데 여성이 밭의 역할을 한다는 주장은 원칙적으로 맞는 말이다. 암컷이 일정 기간 태아를 자궁 안에서 키워내는 포유류의 경우뿐만 아니라 다른 동물들의 경우에도 수정과정부터 암수의 역할은 다분히 비대칭적이다. 정자는 수컷의 유전물질을 난자에 전달하는 것으로 소임을 다한다. 그에 비해 난자는 암컷의 유전물질은 물론 생명체의 초기 발생에 필요한 온갖 영양분을 다 갖추고 있어야 한다. 이 세상에 정자만큼 간단하고 효율적인 기계가 또 있을까 싶다.

정자는 머리 부분에 수컷의 유전물질을 담고 있는 핵이 있고 그 유전물질을 운반하기 위해 긴 꼬리를 갖고 있다. 꼬리라는 운동 기관에 에너지를 공급하기 위해 목 부위에는 미토콘드리아들이 잔뜩 포진해 있고, 머리 앞부분에는 난자에 진입할 때 난자의 벽을 녹이는 데 쓸 효소가 장전되어 있다. 다분히 경박스러운 비유이긴 하지만 그야말로 요즘 유행하는 '퀵서비스'와 크게 다를 바 없다. 하나의 생명체를 만들어내기 위해 온갖 영양분을 고루 갖춘 소수의 난자를 생산하는 속 깊은 암컷과는 달리, 자연계의 수컷들은 자신들의 유전물질을 다량 제작하여 가장 저렴하게 포장한 다음 참으로 퉁명스럽게 배달하고 마는 것이다.

호주제를 폐지하자고 목소리를 높이는 여성들이 사회의 주도권을 쥐기 위해 그러는 것은 아니다. 사실 생물학적으로 보면 여성이 주도권을 주장해도 남성이 반박하기 어려운 게 사실이다. 핵 DNA는 정확하게 절반씩 투자하지만 미토콘드리아 등 다른 세포소기관의 DNA는 암컷만이 홀로 제공하므로 유전물질만 비교하면 암컷의 기여도가 더 크다고 봐야 한다. 그리고 유전물질이 일단 배달된 다음에 벌어지는 일에 대해서는 전혀 아는 바도 없으면서 수컷이 훗날 뒤늦게 정통성을 주장하는 것은 생물학자가 볼 때 어딘지 무리가 있어 보인다. 지금 우리 여성계가 추진 중인 호주제 폐지는 이런 생물학적 불평등에도 불구하고 인본주의적 입장에서 그저 평등하게만 바로잡자는 것이다. 아무리 뒤집어보아도 억지스러운 점이라곤 찾아볼 수 없는 지극히 합리적인 주장이라고 생각한다.

호주제 폐지에 역사를 들먹이는 이들이 있지만 그 주장은 더욱 설득력이 부족하다. 호주제의 역사에 관해서는 이미 엄청난 자료들이 축적되어 있고 많이 알려져 있으므로 여기서 일일이 열거하지 않겠다. 다만 우리가 현재 채택하고 있는 호주제는 그 역사가 매우 일천하다. 한 예로 고려시대의 호주제는 지금의 것과 상당히 달랐다고 한다. 여자도 호주가 될 수 있었고 외손에게도 집안을 물려줄 수 있었다고 한다. 우리에게 현행 호주제의 굴레를 씌우고 물러간 일본은 벌써 오래전에 이 제도를 훌훌 벗어던졌는데, 우리가 그걸 아직도 뒤집어쓰고 있다는 것은 어떤 의미에서는 굴욕적이기까지 하다. 대체 지금이 어떤 세상인데 손자가 할머니를 호령하도록 내버려두는 제도를 그대로 고집할 것인가.

가부장적 가치관을 깨기 위해 우리 여성계가 추진하고 있는 사업 중에 '부모성 함께 쓰기 운동'이 있다. 개인적으로는 따르기 좀 불편하지만 서양에는 이미 흔한 일이고 어떤 형태로든 바꿔어야 하는 풍습이라는 점에는 동의한다. 내 성은 알다시피 '최'이고 안사람의 성은 내 성과 발음이 비슷한 '채'이다. 그래서 둘을 붙여 아들의 이름을 부른다면 '채최이언' 또는 '최채이언'이 된다. 아들 녀석이 그리 달가워하지 않을 것 같다.

부모의 성을 어떻게 조화롭게 묶느냐 또는 어떤 경우에는 아예 어머니의 성을 따를 수도 있게 만드느냐 하는 것은 우리 모두가 앞으로 더 궁리할 문제이지만 이름 얘기를 한 김에 한마디 덧붙일 게 있다. 대학 강단에서 출석을 부르다 보면 지나치게 여성적인 이름은 어딘지 어색하게 들린다. 그런 이름을 가진 여학생 본인도 상당히 어색해한다. 이런 느낌 자체가 바로 여성차별의 고루함이 드리우는 긴 그림자이겠지만, 아들을 기대하고 지어졌던 이름을 받아 살아가는 여성들이 종종 당당하고 매력적으로 보이는 것은 나만의 착각일까.

지난 몇 년간 우리 사회에 남녀평등의 목소리가 드높았던 것은 사실이지만 직업전선은 아직 결코 평등하지 못하다. 여성이라는 이유만으로 취업의 기회조차 얻지 못하는 예는 우리 주변에 너무도 많다. 딸 아들 구별 말고 성(性)에 관계없이 의미 있는 이름을 지어주고 지원서에 성별란을 없앨 것을 제안한다. 남자배우가 필요한데 남녀차별을 해서는 안 된다는 이유로 여성을 뽑을 수는 없지만, 사실 여성들이 하지 못할 일은 이 세상에 거의 없다고 봐도 좋다.

여자아이라고 해서 지나치게 예쁜 이름을 지어주고 은연중 그 이름에 걸맞게 살도록 강요하는 것은 아닌지 반성할 일이다. 아예 여성 이름과 남성 이름이 정해진 영어권의 사람들도 최근 다양한 이름들을 만들어 부른다. 우리말은 영어에 비해 훨씬 덜 성차별적이다. 조금만 노력하면 딸이든 아들이든 아름답고 지적인 이름을 지어줄 수 있다. 이름이 사람의 운명을 결정짓는다고는 생각지 않지만 이름이 갖는 상징성을 무시할 수는 없다. 더 이상 누가 누구를 지배하지 않는 평등한 세상을 만들어야 한다.

여성의 세기가
남성을 구원한다

몇 년 전 TV에서 강연을 할 때 나는 적지 않게 이메일 테러를 당했다. 모두 남성들로부터 온 메일들이었다. 나를 다짜고짜 입에 담아서도 안 될 말인 병신도 아닌 '빙신'으로 부르는 사람으로부터 "남자 망신 도매상을 차렸다"고 책망하는 사람들에 이르기까지 불편한 심기를 드러내는 이들이 상당수 있었다. "짤막한 과학 지식을 총동원하여 사회질서를 혼미하게 만든다"고 비난하는가 하면, "처음 TV에 나올 때부터 어딘지 모르게 여성호르몬을 많이 가진 것처럼 보이더라"며 나를 동성애자로 몰아붙이는 협박 아닌 협박을 하는 이들도 있었다. 하지만 그런 그들에게 나는 동물사회에는 동성애가 흔하다는 강의까지 했다.

그동안 기득권층으로 별 불편함을 느끼지 못했던 남성들에게는 내 강의가 자못 부담스러웠을 것이라 믿는다. 페미니스트 여성운동가가 나와서 여성의 권리를 부르짖는 것이 아니라 불편할 것 하나도 없어 보이는 멀쩡한 남성이 나서서 여성의 세기가 도래하고 있음을 이렇다 할 흥분도 하지 않고 차분히 알리는 모습이 그리 달가워 보이지는 않았으리라 짐작한다. 하지만 그들이 한 가지 모르는 게 있다. 여성의 세기가 도래했을 때 진정으로 해방되는 것은 바로 우리 남성들이라는 점이다. 연세대학교 조한혜정 교수가 늘 주장해왔듯이 여성성의 회복이 남성을 구원한다.

우리 사회를 가리켜 흔히 남성중심사회라고 하지만, 그리고 현대 남성들이 남성우월주의에 젖어 있다고는 하지만, 오늘날 진정으로 남성입네 가슴을 펴고 마음대로 헛기침을 해댈 수 있는 '간 큰 남자'들이 우리 주변에 얼마나 남아 있는가 둘러보라. 말로만 허울 좋은 가장이지 실제로 막강한 가부장적인 권한을 휘두르며 거들먹거리는 남자들이 얼마나 있는가 손으로 꼽아보라. '간 부은 남자'가 아닌 다음에야 예전 아버지 세대에나 있었던 그런 간 큰 남자들은 이제 우리 주변에 별로 없다. 어찌 보면 이 시대의 남성들이야말로 정말 불쌍한 존재들인지도 모른다. 나가서 돈을 벌어야 하고 집에 들어오면 하루 종일 나갔다 왔다는 죄로 마음에도 없는 봉사를 해야 한다. 가장의 멍에를 벗고 나면 훨씬 더 홀가분하게 그리고 기분 좋게 할 수 있는 일들을 늘 무거운 마음으로 하고 있는 것이다.

얼마 전 미국 TV에는 남성 가장들을 몇 명 초대하여 그들의 삶과 꿈에 대해 이야기하는 프로그램이 있었다. 프로그램에 출현한 대부분의 남성들은 가족의 안녕을 책임져야 한다는 중압감이 얼마나 그들의 삶을 무겁게 짓누르고 있는지 털어놓았다. 감정에 북받쳐 눈물을 흘리는 이도 있었다. 자신만 바라보는 가족을 생각해 마음에도 없는 일들을 하며 굴욕적인 삶을 살아갈 수밖에 없는 상황에 대해 거침없이 그들의 느낌을 쏟아냈다. 가족을 부양해야 한다는 부담만 없다면 무슨 일을 하고 싶으냐는 질문에 한 개인으로서 못다한 소박하고 아름다운 꿈들을 조심스레 펼쳐 보였다. 프로그램에는 이런 남편들의 모습을 지켜본 부인들을 따로 취재한 부분도 덧붙여져 있었다. 부인들은 한결같이 남편들이 그런 생각을 하면서 하루하루를 살고 있었는지 전혀 몰랐다며 역시 눈물을 훔쳤다.

국제통화기금(IMF) 사태를 겪으며 우리 사회는 엄청나게 많은 노숙자들을 만들어냈다. 가계가 무너지면 왜 남자만 집을 나가야 하는가. 가장의 멍에를 어쩌지 못하기 때문이 아니던가. 가정이 부부가 함께 꾸려가는 곳이라는 인식을 제대로 했더라면 그런 어려움을 당했을 때 면목이 없다며 혼자 가출하지 않고 아내와 함께 머리를 맞대고 새로운 길을 찾을 수 있었을 것이다. 여성들은 백지장을 맞들려 하고 있고 또 맞들 능력을 갖추고 있는데, 이 나라의 남성들은 공연히 그 무거운 짐을 혼자 짊어지려 한다.

여성들이 남성들보다 수명이 긴 것은 거의 어느 나라건 마찬가지이다. 대부분의 다른 동물들의 사회도 예외가 아니다. 번식의 기회를 얻기 위하여 암컷에게 잘보여야 하는 수컷들은 번식기 내내 변변히 먹지도 못하며 오로지 성애에 탐닉한다. 여러 암컷들을 거느리기 위해 미리 수컷들끼리 권력 다툼을 벌여야 하는 동물의 경우에도 수컷들의 삶이 처절하기는 마찬가지다. 으뜸

수컷이 되려면 항상 위험한 격투를 겪어야 하고 그런 몸싸움에서 언제나 성하게 걸어 나온다는 보장이 없다. 운이 좋았건 힘이 셌건 일단 으뜸수컷이 되고 나면 또 그 자리를 지키기 위해 밤낮없이 경계를 게을리하지 못한다. 자기가 거느리는 암컷들을 늘 즐겁게 해야 함은 말할 나위도 없다. 수컷이란 이처럼 '짧고 굵게' 살다 가게끔 진화한 동물이다.

세계보건기구(WHO) 홈페이지에 들어가보면 세계 여러 국가들의 연령별 남녀 사망률을 한데 모아놓은 그래프가 있다. 세계 어느 나라든 남성의 사망률이 여성의 사망률보다 훨씬 높다. 특히 번식 적령기인 20대와 30대에는 남성 사망률이 여성 사망률의 무려 세 배에 달한다. 번식기의 다른 동물들과 다를 바 없다. 약한 자여, 그대 이름은 남성이니라! 세계보건기구에 통계자료를 제공한 거의 모든 나라가 한결같이 똑같은 현상을 보인다. 어느 나라든 남녀의 사망률은 서로 비슷하게 시작하여 20대와 30대에 엄청난 차이를 보이다가 40대로 접어들며 점차 비슷해진다. 그런데 그곳에 요즘 젊은이들의 표현을 빌리면 실로 '엽기적인' 사실이 우리를 기다리고 있다. 그 그래프에서 유일하게 40, 50대로 들어서며 남성의 사망률이 하늘 높은 줄 모르고 치솟는 나라가 하나 있다. 바로 우리들의 나라, 대한민국이다. 전 세계를 통틀어 우리나라 40대와 50대 남성들의 목숨이 가장 파리목숨에 가깝다.

나는 자꾸만 우리 대한민국이 '소모품 인간사회'라는 생각을 떨칠 수 없다. 외환 위기를 겪으며 나라꼴이 엉망이 되었지만, 나는 우리나라가 또다시 후진국으로 전락할 위험은 이제 없다고 본다. 적어도 경제적인 면에서는 말이다. 그렇게 되도록 가만히 놔둘 우리들이 아니다. 역사가 이를 증명하고 있고 우리 스스로가 우리의 근성을 믿는다.

그러나 이 같은 고난과 극복의 역사는 나라 전체의 수준에서 분석하고 자위할 수 있을 뿐이다. 국민 각자의 입장에서 이 현상을 다시 한번 분석해보면 엄청나게 다른 모습이 드러난다. 대한민국이라는 집단이 세계 10위권 경제대국의 위치를 지키기 위해 그야말로 '발악'을 하는 동안 그 성원들의 삶의 질은 목적 달성을 위한 소모품 신세를 면하지 못했다. 근대화의 급물살 속에 우리 사회는 어느새 성원 한 사람 한 사람의 삶이 중요한 것이 아니라, 한동안 써먹다가 효용가치가 떨어지면 가차 없이 버리고 새로 만들어 쓰는 부품들의 사회가 되어버렸다. 기껏 잘 쓰다가도 조금만 맘에 들지 않으면 그냥 내다버리는 냉장고나 자동차처럼.

우리나라는 큰일이 없는 한 계속 이 정도 수준을 유지하며 살아갈 것이다. 하지만 그 나라라는 괴물 속에 살아야 하는 국민은 천하디천한 존재를 면하기 어렵다. 대량으로 잔뜩 만들었다 값

싸게 죽이고 또 만들고 하면서 그냥 그렇게 오랫동안 질퍽질퍽 살아갈 것이다. 나라의 야심을 충족시키기 위해 개인은 일찍일찍 죽어줘야 하는 그런 나라에 우리가 살고 있다.

실질적인 이득도 별로 없는 허울뿐인 가부장 계급장을 떼내면 정말 편해지는 건 남성들이다. 우선 사망률부터 평균 수준으로 낮아질 것이다. 남성도 자본주의와 가부장제 속에서 결코 자유로울 수 없는 것은 사실이지만, 여성과 달리 남성은 엄연히 피해자이기 이전에 가해자이며 어떤 의미로는 제도의 수혜자였음을 인정해야 한다. 하지만 여성의 세기가 오면 여성만 해방되는 것이 아니다. 남성도 함께 해방된다. 그래서 나는 우리 남성들 스스로가 보다 적극적으로 변화를 모색해야 한다고 생각한다. 남성이 책임을 벗는다는 뜻은 아니다. 여성과 남성이 함께 짐을 나누어 진다는 뜻이다.

사회생물학과
페미니즘의 화해

근대 학문의 발달사를 살펴보면 사회생물학만큼 엄청난 탄압을 받은 학문도 드물다. 사회생물학은 하버드 대학의 진화생물학자 윌슨 교수가 1975년 출간한 저서『사회생물학 : 새로운 종합』과 함께 세상에 널리 알려지긴 했지만, 그때 처음 생긴 학문은 아니다. 구태여 기원을 따지자면 다윈의『종의 기원』이 출간된 1859년으로 거슬러 올라가거나 아니면 영국의 해밀턴(William D. Hamilton) 교수의 유명한 논문「사회행동의 유전학적 이론」이 출간된 1964년으로 거슬러 올라가야 한다. 윌슨 교수의 공적은 그의 저서의 부제가 의미하는 것처럼, 그때까지 나온 이론들과 실험 및 관찰결과들을 종합하여 '사회생물학'이란 새로운 이름을 붙여준 것뿐이었다. 그러나 그의 이 같은 종합을 결코 과소평가할 수는 없다. 윌슨의『사회생물학』은 무려 2,000건이 넘는 참고문헌과 50만 단어 이상을 함유한 방대한 역작으로 새로운 학문을 여는 데 조금도 모자람이 없었다.

『사회생물학』이 공격을 받을 수밖에 없었던 결정적인 이유는 윌슨의 사회행동 분석이 다른 동물들에서 그친 게 아니라 인간을 포함했다는 점이다. 그가『사회생물학』을 출간하기 4년 전에 내놓은 또 하나의 역작『곤충의 사회들』은 대부분의 비평가들로부터 극찬을 받았다. 윌슨은『사회생물학』의 맨 마지막 장 서두에 다음과 같이 적었다.

이제 인간을 열린 개념의 자연사 관점에서 바라보자.

마치 우리가 지구에 사는 사회성 동물들의 목록을 만들기

위해 저 먼 다른 행성으로부터 온 동물학자들인 것처럼.

이 거시적인 관점에서 보면 인문학과 사회과학은 생물학의

특수 분야들로, 역사학, 전기, 문학 등은 인간행태학의

관찰 보고로, 그리고 인류학과 사회학은 한데 묶여 한 종의

영장류에 대한 사회생물학이 되고 만다.

바로 이 대목 때문에 인문학자들과 사회과학자들은 격노했다. 윌슨의 상상에 따르면, 지구상에 존재하는 사회성 동물들을 연구하러 어느 먼 행성으로부터 날아온 동물학자에게는 문학, 역사학, 인류학, 사회학은 물론, 법학, 경제학, 심지어 예술까지도 인간이라는 한 영장류의 사회생물학에 지나지 않는다. 그래서 윌슨은 사회생물학을 "인간을 포함한 모든 동물의 사회행동을 체계적으로 연구하는 학문"이라고 정의한다.

같은 생물학 내에서도 마르크스의 사회주의 이론으로 중무장한 이른바 좌파 생물학자들의 공격이 거셌다. 그들은 사회생물학이 계급주의, 제국주의, 인종차별, 남녀차별 등 온갖 정치적 또는 사회적 불합리를 옹호하는 학문이라고 비난했다. 그중에서도 하버드 대학의 같은 학과, 같은 건물에 있던 집단유전학자 르원틴(Richard Rewontin) 교수의 공격은 특별히 집요했다. 르

원틴 교수는 하버드 대학의 비교동물학박물관 부속건물 3층에, 월슨 교수는 4층에 연구실을 갖고 있었다.

내가 하버드 대학에 입학한 1980년대 초에는 이 두 교수 간의 갈등이 비교적 가라앉았을 때였다. 그럼에도 불구하고 나는 월 슨 교수와 내가 타고 있던 엘리베이터의 문이 3층에서 열렸을 때, 엘리베이터의 문이 닫힐 때까지 아무 말 없이 가만히 서 있 던 르원틴 교수를 여러 번 보았다. 나는 개인적으로 르원틴 교 수를 흠모한다. 내가 이 세상에서 직접 만나본 사람 중에 그처 럼 명석한 사람은 없었다. 나는 또 그가 토요일 오후 부인의 손 을 꼭 잡은 채 아이스크림콘을 들고 학교 앞 거리를 거니는 걸 여러 번 보았다. 제자들에게도 무척이나 다정한 선생님이었다. 그런 그가 월슨 교수에게는 어떻게 그런 집요하고 야비한 공격 을 퍼부을 수 있었는지 아직도 이해할 수 없다.

사회생물학의 비판 한복판에는 언제나 '유전자 결정론'이 버티 고 있다. 인간은 아무리 날고 싶어도 날 수 없다. 우리에게는 날 개를 만드는 유전자가 없기 때문이다. 우리가 날 수 없는 것은 이미 유전자 수준에서 결정되었다는 뜻이다. 이런 의미의 유전 자 결정론이라면 나는 거침없이 스스로를 유전자 결정론자라 고 부를 자신이 있다. 우리 유전자에 없는 게 갑자기 하늘에서 뚝 떨어질 수는 없다. 그러나 유전자는 결코 우리의 일거수일투

족을 매 순간 일일이 조정하지 않는다. 유전자란 그저 단백질을 만드는 정보를 지닌 화학물질에 지나지 않는다. 생명체는 누구나 유전자와 환경의 공동작업에 의해 형성되는 독특한 존재이다. 아무리 완벽하게 똑같은 유전자를 지닌 일란성 쌍둥이도 모든 성품이나 사고방식까지 똑같은 복제품은 아니다. 아무리 같은 시간에 같은 자궁 속에서 컸어도 미세한 수준에서나마 그들의 초기 발생환경은 분명히 차이가 있었다. 더욱이 태어난 후에는 비록 한 집안에서 자란다 해도 조금씩은 다른 환경 요인들의 영향을 받으며 성장하기 때문에 결국 서로 다른 영혼을 지니게 된다. 사회생물학자들은 결코 생명체가 유전자의 꼭두각시라고 생각하지 않는다. 생명체가 하는 일이 유전자의 존재 이유에 어긋날 수 없음을 강조할 뿐이다.

윌슨 교수는 사회생물학의 기본 논리를 영국의 소설가 버틀러의 말을 빌려 "닭은 달걀이 더 많은 달걀을 낳기 위해 잠시 만들어낸 매개체에 불과하다"라는 한마디로 표현했다. 우리는 흔히 살아 숨 쉬고 먹고 마시며 짝짓기도 하고 살다가 삶을 마감하는 닭이 닭이라는 생명의 주체일 수밖에 없다고 생각한다. 그러나 생명체란 누구나 이 세상에 태어나 일정 기간을 살다가 사라져버리는 한시적인 존재일 뿐이다. 그에 비하면 태초부터 지금까지 면면이 명맥을 유지해온 DNA야말로 진정한 생명의 주체이다. 그래서 『이기적 유전자』의 저자 도킨스(Richard Dawkins)는

DNA를 가리켜 '불멸의 나선'이라 부르고 생명체는 '생존기계'에 지나지 않는다고 말한다. 생명체의 관점에서 본 생명은 분명히 한계성을 지니지만 DNA의 눈높이에서 바라보는 생명은 영속성을 지닌다.

유전자의 눈높이에서 생명을 바라보면, 윤리, 자기희생, 종교, 심지어는 사랑까지도 결국 인간의 역사를 통해 어떤 방식으로든 생존과 번식에 유리했기 때문에 오늘날 우리에게 남아 있다는 사실을 쉽게 이해할 수 있다. 생존과 번식을 도운 성향을 조정하는 유전자는 그만큼 더 많은 복제자를 후세에 남겼을 것이고, 또 그렇게 해서 그 성향이 세대를 거듭할수록 더 많이 발현된다는 언뜻 들으면 꼬리에 꼬리를 무는 듯한 지극히 간단한 논리만 이해하면 금방 새로운 세계가 열린다.

다윈은 자연선택론과 성선택론이라는 두 이론으로 생물의 생존과 번식을 둘러싼 모든 진화현상들을 명쾌하게 설명했다. 내가 이 책에서 다루려는 남녀관계는 자연선택론보다는 성선택론에서 훨씬 더 큰 이론적 뒷받침을 얻는다. 따라서 나는 우리 사회에서 벌어지는 온갖 남녀관계의 현상들을 분석하며 자주 다윈의 성선택론에 기댈 것이다. 하버드 대학의 사회생물학자이자 영장류 연구가인 드보어(Irven DeVore) 교수의 표현을 빌리면 나는 종종 "다윈의 샘물로 돌아가 그 물을 마실" 것이다.

성선택론은 보다 널리 알려진 다윈의 다른 이론인 자연선택론과 비교할 때 무척 묘한 역사를 지닌다. 1859년 『종의 기원』의 출간과 함께 등장한 자연선택론은 엄청난 사회적 충격을 몰고 왔다. 인간은 신에 의해 창조된 것이 아니라 침팬지와 흡사한 영장류 조상으로부터 진화한 것이라는 주장은 기존의 세계관과 윤리관을 송두리째 뒤엎는 혁명적인 사건이었다. 그럼에도 불구하고 다윈의 자연선택론에 대한 과학적 검증은 전 세계 많은 학자들에 의해 지체 없이 추진되었다. 종교계도 처음에는 신성을 모독하는 이론이라며 배척했지만 다윈이 사망했을 때에는 그의 주검을 웨스트민스터 사원에 안장하는 데 주저하지 않았다. 물론 이 같은 영국 종교계의 결정은 자연선택론에 대한 약간의 몰이해와 부적절한 타협에 의한 것이었지만 어쨌든 자연선택론은 흔히 생각하는 것처럼 무지몽매한 사회적 탄압을 받은 것은 아니었다.

그에 비하면 성선택론은 이렇다 할 탐구의 기회조차 얻지 못했다. 당시 빅토리아시대의 영국 남성들은 차라리 우리 인류가 침팬지와 공동조상을 지녔다는 이론은 참을 수 있어도 이를테면 잠자리의 주도권이 여성에게 있다는 주장은 도저히 받아들일 수 없었다. 무시와 무관심은 비난과 공격보다 훨씬 더 잔인한 형벌이다. 『종의 기원』을 출간한 지 12년 후인 1871년 다윈은 『인간의 유래』라는 저서를 통해 왜 자연계의 거의 모든 생물에서 수컷들이 암컷들보다 훨씬 더 화려한 외모를 갖고 있고 노래와 춤도 더 잘 추고 끊임없이 경쟁하며 위험한 삶을 사는지에 대해 명쾌한 설명을 제시했다.

하지만 다윈의 성선택론은 등장하자마자 뒤주에 갇히고 말았다. 아예 없었던 일로 쉬쉬하고 말자는 전략이었다. 이후 성선택론은 거의 한 세기에 걸친 긴 동면기를 거친다. 지금은 행동생태학과 사회생물학 분야의 저명한 국제학술지에 게재되는 논문의 거의 70~80%가 다 성선택론과 관련된 것들이지만, 이같은 추세는 1960년대 말에서 1970년대를 거치며 비로소 시작된 것이었다. 우리는 여기에서 이때가 바로 본격적으로 여권이 신장하기 시작했던 시기였음에 주목할 필요가 있다. 이 점에 대해서는 앞으로 사회학자와 과학사학자들의 본격적인 분석이 있어야 할 것으로 생각한다.

사회생물학과 페미니즘의 화해는 1990년대 중반 일군의 여성 사회생물학자들에 의해 조심스럽게 시작되었다. 1990년대 초반부터 이미 암컷의 관점에서 성선택론을 재분석하자는 논문을 발표하고 있던 나는 그들의 이 같은 노력이 좀 늦은 감은 있지만 화해를 향한 첫걸음으로는 매우 의미 있는 일이라고 생각했다. 서양의 경우에도 남성 사회생물학자들은 아직 이 움직임에 본격적으로 뛰어들지 않고 있다.

이런 점에서 볼 때 남성 사회생물학자로서, 그것도 여성의 지위가 상대적으로 열악한 한국에서 여성문제를 사회생물학적으로 분석하려는 이 작업이 실제로 어느 정도의 파급효과를 가져올지는 두고 봐야 할 일이지만 적지 않은 상징적 의미가 있다고 생각한다. 20여 년에 걸쳐 패인 골을 메우기는 쉽지 않을 것이다. 그러나 이제는 화해의 손을 마주 잡을 때가 되었다고 생각한다.

2

여자와 남자, 정말 다른 행성에서 왔나

여자와 남자,
정말 무엇이 다른가

여자와 남자가 다르다는 것은 누구나 다 알고 있는 사실이지만 무엇이 어느 수준에서 어떻게 다른가는 그리 간단한 문제가 아니다. 요즘은 가끔 길에서 뒷모습만 보고는 여자인지 남자인지 구별하기 힘들 때가 있다. 혹은 성염색체상의 문제로 남성이면서도 어느 정도 여성의 성징을 보이는 경우나 여성이면서도 남성 성기와 흡사한 체외생식기를 갖고 있는 경우도 있다. 그러나 대개의 경우에는 성기 또는 유방을 비롯한 이른바 제2차 성징들을 비교하면 여자와 남자는 확실하게 구별할 수 있다.

다른 신체부위나 기관들의 경우는 어떠한가. 예를 들어 심장만 들여다보고 여자와 남자를 구별할 수 있겠는가. 남자들의 심장이 여자들의 심장보다 대체로 큰 편이지만 절대적인 평가는 불가능하다. 뇌도 마찬가지다. 뇌를 따로 꺼내놓고 그것이 남자의 뇌인가 여자의 뇌인가를 정확하게 구별해낼 사람은 사실 거의 없다.

겉모습으로만 비교할 때 자연계에는 암수동형인 동물과 암수이형인 동물의 두 부류가 있다. 새들은 대부분 암수동형이다. 몇 년 전부터 내가 대학원생들과 함께 몇십 년, 아니 몇백 년 동안이라도 계속할 작정으로 연구하기 시작한 까치도 전형적으로 암수동형인 동물이다. 물론 세밀한 조사를 실시해보면 암수의 차이가 전혀 없는 것은 아니다. 하지만 그 차이가 너무나 미세하여 우리가 연구하는 데 불편을 줄 지경이다. 특별한 인식마크를 붙여주지 않는 한 개체 식별은 말할 것도 없고 암수 구별도 하기 어렵다. 함께 둥지를 틀고 한 가정을 꾸린 것은 분명한데 누가 부인이고 누가 남편인지를 식별하는 과정에도 상당한 시간과 노력이 필요하다.

내가 거의 20년간 연구해온 민벌레(Zoraptera)라는 곤충이 있다. 우리나라에서는 아직 발견되지 않았으며, 주로 열대와 아열대 지역의 정글 속에 사는 아주 작은 곤충이다. 쓰러져 썩어가는 나무둥치의 껍질 밑에서 나름대로 작은 사회를 구성하고 사는 곤충으로 몸길이가 2~3mm밖에 되지 않는다. 워낙 작고 희귀한 곤충이다 보니 이를 연구한 사람이 별로 없다. 1980년대 초 내가 이 곤충을 처음으로 연구한다는 소문이 돌기가 무섭게 전 세계에서 표본들이 날아들었다. 졸지에 내가 세계 최고의 권위자가 된 것이다. 사실은 내가 특별히 훌륭한 연구를 하고 있어서가 아니라 나를 빼고는 거의 아무도 연구하지 않기 때문이었다.

나는 이 곤충을 처음 관찰하기 시작했을 때 암수를 구별하지 못해 적지 않은 어려움을 겪었다. 그러던 어느 날 나는 현미경 아래에서 수컷들 머리 한복판에 작은 구멍이 하나 나 있는 걸 발견했다. 그날부터 훨씬 쉽게 관찰할 수 있었던 것은 말할 나위도 없다. 관찰을 더 해보고 안 사실이지만 민벌레 수컷들은 허구한 날 암컷들의 꽁무니를 따라다니는 게 삶의 전부이다. 그래서 나는 머리에 구멍이 난 그 수컷들을 '골 빈 수컷'이라 부르곤 한다.

남자와 여자는 실제로 어떤 부분이 어떻게 다른 것인가. 여성은 뭔가 '다른' 성이라고 보는 우리 사회의 편견을 보부아르는 '제2의 성'이라고 표현했다. 여기서 다르다는 것은 '정상적인' 남성에 비교하여 여성은 뭔가 비정상적이라는 뜻이다. 실제로 무엇이 다르냐고 묻지 않았다. 대개 무엇이 없느냐, 무엇이 부족하냐, 무엇이 작으냐를 물어왔다.

그러면서도 막상 여성들이 사회에 진출하기 시작하자 그 '모자란' 성에 요구하는 바는 실로 엄청나다. 바깥일은 똑같이 해도 집안일은 여전히 여성의 몫이다. 이 같은 불평등은 명절 때 더욱 극명하게 드러난다. 남자들은 거의 앉아서 놀고 여자들은 늘 일한다. 그것만이 아니다. 어렵게 발을 들여놓은 사회는 여성들에게 불가능을 요구한다. 아름다워야 하고 당당해야 한다. 여성다우면서도 때론 남자처럼 행동해야 하지만, 정작 너무 남자처럼 행동하면 여성답지 못하다고 비난을 받는다. 또 요조숙녀면 그래 가지고 되겠느냐고 이야기하고 좀 적극적이면 여자가 너무 나선다고 야단이다. 언젠가 국회에서 벌어졌던 이른바 '싸가지 사건'은 바로 이런 모순을 적나라하게 보여준 좋은 예다.

여성학자 캐럴 타브리스(Carol Tavris)는 여성과 남성을 비교하는 사고방식에 세 가지 오류가 있다고 설명했다. 첫째는 "남성은 정상이다. 여성은 남성과 정반대이며 불완전하다"는 사고방식으로 우리가 오랫동안 품어왔던 방식이다. 여성과 남성을 완전히 극과 극으로 설정한 다음 음과 양으로 나누고 좋고 나쁨으로 나눠왔다. 좀 더 구체적으로는 남성을 힘, 지식, 문화의 상징으로 보는 반면, 여성은 순종, 직관, 자연을 나타낸다고 보아왔다. 그러나 이제 분명히 이 같은 관점은 사라지고 있다. 그래서 등장한 새로운 사고방식이 바로 "남성은 정상이다. 여성은 남성과 정반대이지만 남성보다 우월하다"는 것이다.

이 견해를 지지하는 이들은 월경과 출산, 협동과 평화, 환경과의 조화 등으로 대변되는 여성의 본질이 남성의 경험이나 자질보다 도덕적으로 우월하다고 주장한다. 이러한 다분히 반사적인 견해 덕분에 여성에 대한 평가가 나아진 것은 사실이지만, 여전히 남성이 평가의 기준이라는 점에는 변화가 없다. 마지막으로 세 번째는 "남성은 정상이다. 여성은 같거나 같아야만 한다"고 부르짖는다. 이 사고방식은 언뜻 남녀 간에 근본적인 차이가 있다는 견해를 부정하는 것 같아 바람직하게 들리지만, 결과적으로는 남성 표준을 여성에게 일반화하는 오류를 범하고 있다.

세상에서 가장 어려운 게 인간관계라지만 그중에서도 으뜸은 단연 남녀관계일 것이다. 프로이트는 일찍이 "나는 30년 동안이나 여성의 영혼에 관하여 연구를 했지만, 아직도 해답을 찾지 못한 질문이 있다. 도대체 여자들은 뭘 원하는 것인가?"라고 말한 바 있다. 우리는 가끔 평생동안 부부싸움을 단 한 번도 하지 않았다고 자랑스럽게 말하는 노부부들을 본다. 그분들은 아마 부부싸움의 정의를 달리 내리는 모양이다. 아니면 서로 사랑하지 않거나. 우리 부부도 남들이 하는 만큼 부부싸움을 하며 살아왔다. 다만 대화의 중요성을 잊지 않고 끊임없이 실천해온 아내의 덕으로 이제는 어느덧 중년부부의 여유로움을 누릴 수 있게 되었다. 나는 이제 우리가 타브리스의 세 가지 오류를 넘어서 "여성도 남성도 모두 정상이다. 다르지만 다름을 넘어서 평등한 관계를 만들어야 한다"고 생각한다.

생물학자라서 그런지 나는 예전에 한창 부부싸움을 할 때면 도대체 우리가 같은 종에 속하는 동물인가 의심스러워했던 때가 한두 번이 아니었다. 우리는 분명 다른 종이기 때문에 이렇게 생각하는 것도 다르고 말도 통하지 않는 것이리라 싶었다. 어떨 때는 내가 외계인과 살고 있는 것은 아닌가 하는 생각이 들 정도였다. 아내들이 남편을 볼 때도 마찬가지로 그렇게 느끼는 것 같다. 아마 더 할 것이다.

이런 점에서 존 그레이의 저서 『화성에서 온 남자 금성에서 온 여자』는 기가 막히게 절묘한 제목이라 할 수 있다. 그러나 이 현상에 대해 미국의 여류작가이자 언론인이었던 딕스(Dorothy Dix)가 했던 다음 설명만큼 완벽한 게 달리 또 있을까. "남편과 아내가 서로를 이해하지 못하는 까닭은 그들이 서로 다른 성에 속해 있기 때문이다."

유전자의 차이

생물은 세포로 이루어져 있다. 연두벌레와 짚신벌레 같은 단세포생물이나 우리 같은 다세포생물 모두 기본단위는 세포이다. 사실 정확하게 세어본 것은 아니지만 다 성장한 인간의 몸은 약 50조 내지 100조 개의 세포들로 이루어져 있다고 한다. 세포가 자기증식을 위해 분열과정을 시작하면 그동안 흐물흐물하게 퍼져 있던 유전물질이 슬슬 엉겨붙어 염색체라는 구조를 이룬다. 염색체를 전자현미경으로 들여다보면 조금은 제대로 감지 못한 실타래 같다. 그 실을 길게 풀어낸 것이 바로 이중나선 구조의 DNA이다.

생물은 각기 자신의 유전물질을 일정한 숫자의 염색체들로 묶어둔다. 인간은 23개의 염색체로 유전물질을 나눠놓았다. 난자와 정자를 제외한 나머지 모든 세포들에는 23쌍의 염색체들이 들어 있다. 이 23쌍의 염색체들을 짝을 맞춰 크기 순으로 나열해보면 남성의 경우 한 쌍은 짝이 맞질 않는다. 여성의 경우에는 크기에 따라 염색체 7번과 8번 사이에 들어가는 염색체들인데, 남성의 경우에는 그중 하나가 이상하게 너무 작다. 이 염색체들이 바로 성염색체 X와 Y이다. Y염색체는 X염색체의 약 1/3 정도밖에 되지 않는다.

여성은 반듯한 X염색체를 두 개 가지고 있어 XX의 상태이지만 남성은 XY가 된다. 하지만 이것은 포유류와 파리의 경우이고,

새와 나비의 경우에는 암컷들이 오히려 XY염색체를 지닌다. X와 Y염색체를 우리는 흔히 성염색체라고 부른다. 이들의 존재 유무가 일차적으로 성을 결정하기 때문이다. 인간은 모두 어머니로부터 하나의 X염색체를 물려받는다. 거기에 아버지로부터도 X염색체를 받으면 여성이 되지만 Y염색체를 받으면 남성이 된다.

Y염색체에는 지금까지 21개 정도의 유전자가 있는 것으로 알려졌다. 줄잡아 2,500~5,000개 정도의 유전자를 지니고 있으리라고 생각되는 X염색체에 비하면 너무나 초라한 숫자이다. X염색체들처럼 서로 바람막이를 해줄 수 있는 유전자 짝이 없다 보니 남성들은 색맹이나 혈우병 등 각종 유전적 장애에 훨씬 더 많이 시달린다. 남성이 어쩌다 이렇게 '쭉정이' 염색체를 갖게 되었는지에 대해서는 여러 가지 이론들이 있지만 현대 진화생물학자들은 유전자들 간의 갈등에서 그 원인을 찾는다.

처음에는 다른 염색체들과 크게 다르지 않던 중간 크기의 염색체 한 쌍이 무슨 이유에서인지 서로 다른 '성염색체'로 탈바꿈하며, 각각 서로 다른 성격의 유전자들을 끌어모은 것으로 보인다. Y염색체에는 남성에게는 유리하지만 여성에게는 불리할 수 있는 유전자들이 모여들었고, 반대로 X염색체에는 남성에게는 해롭고 여성에게는 이로운 유전자들이 자리를 잡았다.

염색체상의 남녀갈등은 처음부터 남성에게 불리할 수밖에 없었다. 여성은 두 개의 X염색체를 갖고 있지만, 남성은 하나의 X와 Y염색체를 지니고 있기 때문에 전체 성염색체의 3/4은 X이고 Y는 나머지 1/4을 차지할 뿐이다. 다시 말하면 X염색체 유전자들의 공격력은 Y염색체 유전자들의 세 배에 달한다는 뜻이다. 따라서 Y염색체는 X염색체의 공격을 받기 쉬운 유전자들을 되도록 정리하고 조용히 숨어사는 전략을 취한 것이다.

그중의 하나가 바로 SRY라는 유전자이다. 새 또는 나비와 달리 인간의 경우에는 여성이 기본이다. 일차적인 성은 물론 X염색체를 지닌 정자가 먼저 난자의 벽을 뚫고 들어오느냐 아니면 Y염색체를 가진 정자가 들어오느냐에 따라 결정되지만, 인간의 성은 단지 유전적인 요인뿐 아니라 호르몬과 환경의 영향을 받아 복합적으로 결정된다. 임신이 시작된 후 8주쯤 되었을 때 이 SRY 유전자가 발현되어 남성의 구조를 만들지 않으면 아무리 XY염색체를 지녔더라도 누구나 여성의 구조를 갖고 태어난다. 인간의 생식계는 임신 첫 몇 주 동안에도 계속 발달하지만 각각 여성과 남성의 구조가 될 볼프관(Wolffian duct)과 뮐러관(Müllerian duct)을 모두 지니고 있다. SRY 유전자의 발현으로 남성호르몬인 테스토스테론이 분비되면 뮐러관이 퇴화하고 볼프관으로부터 남성 생식구조가 발달하지만, 그렇지 않으면 자동적으로 여성의 생식기를 갖게 된다.

그러니까 현재까지 알려진 바에 따르면 인간을 포함한 포유류들과 그 밖의 많은 동물들은 그냥 내버려두면 누구나 암컷이 되게끔 만들어진 생명체들이다. 수컷이 되기 위해서는 특별히 뭔가를 해야만 한다. 하지만 이 같은 견해가 어쩌면 남성 위주의 관점에서 나온 이론일 수 있다는 지적도 있다. 대부분의 연구가 남성 과학자들에 의해 이뤄지다 보니 알게 모르게 남성의 관점이 보다 많이 반영될 가능성을 배제할 수 없다.

발생과정에서 벌어지는 이 같은 현상을 놓고 남성 생물학자들은 여성이 '불이행(default)' 또는 '중립적인(neutral)' 성이라고 표현했다. 다분히 수동적인 냄새가 진하게 느껴지는 용어들이다. 만일 이 당시 여성 생물학자들이 이 연구를 하고 있었다면 상당히 다른 표현이 나왔을 가능성이 높다. 어떤 조치를 취하지 않으면 사뭇 불안정한 남성에 비해 안정적이고 중심적인 성으로 여성을 표현할 수도 있었을 것이다.

인간의 초기 발생에서 특별한 사건이 일어나지 않는 한 여성이 된다는 이론에 정반대의 이론도 엄연히 제시되어 있다. 적절한 시기에 DSS 유전자가 발현되면 여성으로 발달하고 그렇지 않으면 남성으로 태어난다는 학설이 검증과정을 거치고 있다. 어느 학설이 옳은 것으로 판명될지 자못 궁금하다.

남성과 달리 여성들은 X염색체를 둘이나 갖고 있지만 다른 모든 염색체들처럼 두 X염색체의 유전자들이 모두 활동하지는 않는다. 남성의 경우 하나의 X염색체만으로 소임을 다하는 것과 보조를 맞추려는 듯 여성의 경우에도 체내의 모든 세포에서 하나의 X염색체만 남겨지고 나머지 하나는 단단하게 뭉쳐져 바소체(Barr body)라는 작은 덩어리가 된다. 두 개의 X염색체 중 하나는 죽어버리는 것이다. 그래서 여성들의 세포핵에는 언제나 검은 점이 하나씩 찍혀 있다. 운동경기에 참가하는 여성 선수들은 종종 성별검사를 받는다. 예전에 동독 여자 수영선수들이 특별히 이 검사를 많이 받았던 것으로 기억한다. 흔히 침 검사 또는 혀 검사를 한다고 하지만, 실제로는 입 안의 세포를 조금 훑어내어 현미경으로 바소체의 여부를 조사하는 것이다. 요즘에는 바소체 검사보다 더 정확한 유전자 검사를 사용하여 성별을 확인할 수 있다.

여자와 남자는 또 일단 성인이 되어 번식을 하는 단계에서 그 차이가 확연하게 드러난다. 한 남자가 일생 동안 만들 수 있는 정자의 수는 그야말로 천문학적이다. 하늘에 떠 있는 별의 수만큼이나 많을 수 있다는 우스갯소리도 나올 지경이다. 왕성한 성생활을 하는 남자면 그 끝을 가늠하기 어렵다. 나이가 들더라도 체력만 잘 관리하면 노년에도 정자를 생산할 수 있다. 노벨문학상을 수상한 미국의 소설가 솔 벨로는 74세에 42세의 여인과 결혼하여 84세에 딸을 낳았다. 그 밖에도 고희를 넘기고도 자식을 얻어 노익장을 과시한 유명인사로는 무성영화시대의 불멸의 희극배우 채플린, 〈희랍인 조르바〉에서 열연한 오스카상 수상 배우 앤서니 퀸, 미디어 황제 루퍼트 머독 등 무수히 많다.

배우체를 생산하는 과정에서 여성은 훨씬 더 신중하다. 인간의 경우 여성들은 태어날 때 약 200만 개의 난모세포를 가지고 태어난다. 물론 200만이란 숫자는 그 자체로는 엄청나지만 건강한 남자가 한 번 사정하는 정자 수의 몇백분의 일도 되지 않는다. 게다가 이 200만 개를 모두 사용하는 것도 아니다. 사춘기에 이를 때면 약 40만 개로 줄어든다. 줄잡아 80%를 솎아내는 셈이다. 이 40만 개를 다 쓰는 것도 아니다. 35년 동안 4주마다 난자 하나씩 성숙하여 배란이 되니까 평생 동안 455개 정도를 사용할 뿐이다. 그렇다고 여성들이 이 455개의 난자를 다 사용하는 것은 물론 아니다. 그중의 몇 개를 자식으로 키워낼 따름이다.

남자의 경우에는 하나의 정모세포가 세포분열을 마치면 네 개의 정자를 만들어낸다. 여자의 경우에도 하나의 난모세포에서 네 개의 세포가 만들어지는 것은 마찬가지이다. 그러나 그중의 세 개는 극체라는 형태를 이루며 퇴화하고 하나만 정상적인 난자가 된다. 필경 네 개 중에서 가장 좋은 것 하나만 고르고 나머지는 제거해버리는 과정이리라. 또다시 75%를 솎아내는 셈이다. 여성의 투자는 이처럼 매 단계에서 엄청나게 신중하다. 값싼 정자를 가능하면 많이 생산해 보다 여러 곳에 투자하려는 남성의 전략과 극명한 대조를 이룬다.

호르몬의 차이

호르몬이란 용어가 처음 만들어진 때가 1905년이고 첫 호르몬의 정체는 1920년대 들어서야 비로소 밝혀졌지만 사람들은 훨씬 오래전부터 호르몬 비슷한 물질의 힘을 믿고 있었다. 너무나 뚜렷하게 몸 밖으로 노출되어 있는 남성의 정소가 빌미를 제공했다. 그곳에서 무언가가 만들어져 남성성을 형성할 것이라는 생각에 황실을 지키는 환관들은 모두 정소를 거세당했다. 이는 우리나라 역사에만 있었던 일이 아니다. 구약성서도 비슷한 역사를 비교적 자세히 적고 있다. 17~18세기에는 소프라노 음역을 넘나드는 소년들을 사춘기 이전에 거세시켜 카운터테너를 만드는 일이 성행하기도 했다.

인간의 몸속에는 엄청나게 다양한 호르몬들이 흐르지만, 호르몬 하면 대부분의 사람들은 으레 남성호르몬과 여성호르몬을 떠올린다. 흔히 테스토스테론은 남성호르몬이고 에스트로겐은 여성호르몬이라고 알고 있다. 하지만 이들 호르몬들은 성과 관련된 기능만 하는 것이 아니라 다른 신체기능에도 광범위하게 관여한다. 예를 들어, 두 호르몬 모두 뼈의 성장을 조절한다. 요즘에는 골다골증을 치료하는 약물이 다양하게 개발되었지만 노년의 골다골증을 예방하기 위해 에스트로겐을 복용하는 것이 보편화되어 있었다. 여성들에게 특별히 골다공증 증상이 더 자주 일어나기 때문이다. 더욱이 테스토스테론과 에스트로겐은 남성과 여성 모두에 존재한다. 따라서 이들을 단순히 성호르몬으로 부르는 데에는 문제가 있다. 테스토스테론은 남성들의 몸속에 그리고 에스트로겐은 여성들의 몸속에 더 많이 흐를 뿐이다. 테스토스테론의 경우 남성들이 여성들보다 평균적으로 10배 정도 많이 가지고 있다. 그래서 남성이 여성보다 더 적극적이고 공격적이라고 믿는다. 테스토스테론은 어느새 사람들의 마음속에 공격성과 왕성한 성욕의 호르몬으로 각인되었다.

하지만 생물학은 이 같은 우리의 각인이 지나치게 성급했음을 일깨운다. 이미 1921년에 컬럼비아 대학의 생물학자 버먼(Louis Berman)은 호르몬 이론의 역사적인 영향에 대해 다음과 같이 말한 바 있다. "완벽한 남성성과 여성성이란 존재하지 않는다. 남성적인 남성과 여성적인 여성에 대한 이상은 19세기 몽상가들의 무지에서 나온 것이다." 테스토스테론과 남성의 공격성 또는 지배적 성향의 관계를 밝히려는 연구들은 사뭇 다른 결과들을 내놓았다. 인간을 제외한 다른 동물들을 가지고 행한 실험들의 경우에는 비교적 일정한 결과들이 나왔다. 일부다처제를 가진 동물의 암컷들에 비해 일부일처제를 유지하는 동물의 암컷은 훨씬 높은 수준의 테스토스테론을 분비한다는 연구결과가 있다. 특히 일부일처제가 보편적인 새들의 경우에는 암컷들의 테스토스테론 농도가 수컷의 농도와 별 차이가 없다.

미국 워싱턴 대학의 동물행동학자들은 참새 수컷들의 서열과 테스토스테론의 관계를 연구했다. 서열이 높은 수컷일수록 훨씬 더 공격적이고 대체로 높은 농도의 테스토스테론을 지니고 있는 것으로 관찰되었다. 참새 수컷들은 흡사 많은 서양 남성들처럼 가슴팍에 시커먼 털을 갖고 있다. 서열이 높을수록 가슴에 검은 깃털이 더 많이 나 있다. 검은 깃털의 면적은 수컷들에게 사회적 지위를 알리는 신호로 작용한다. 워싱턴 대학의 동물행동학자들은 사뭇 짓궂은 실험을 실시했다. 서열이 비교적 낮은 수컷을 잡아 매직펜을 사용하여 그의 가슴팍을 훨씬 검게 칠한 다음 무리로 돌려보냈다. 갑자기 시커먼 가슴을 풀어헤친 수컷이 나타나자 다른 수컷들은 우선 그를 피했다. 그러나 시간이 흐르면서 그가 보기보다 연약하다는 사실이 밝혀지자 가차 없는 공격을 퍼부었다. 불쌍한 수컷은 줄행랑을 놓을 뿐이다. 그러나 서열이 낮은 수컷에게 가슴을 더 검게 칠해주는 동시에 테스토스테론을 주입하면 훨씬 공격적이 되어 다른 수컷들의 공격에 맞서 치열한 싸움을 벌인다. 하지만 호르몬 수치만 높았을 뿐 실제로 힘이 좋은 것은 아닌 그 수컷은 결국 죽음을 면치 못했다.

다른 동물들에 대한 연구와 달리 인간 남성을 대상으로 한 연구 결과들은 그리 단순하지 않다. 어떤 연구들에 따르면 흉악한 범죄를 저지른 남성들이 경범죄를 범한 남성들보다 더 높은 농도의 테스토스테론을 갖고 있다고 하지만 그렇지 않다는 연구결과들도 있다. 혈액 속의 테스토스테론 농도는 대체로 운동경기 직전에 치솟고 경기에서 승리하면 한동안 높은 상태를 유지하지만, 만일 패하면 급격하게 떨어져 오랫동안 회복되지 않는다. 전쟁터의 병사들을 대상으로 실시한 한 연구에 의하면 전투 중인 병사들의 테스토스테론 농도는 생각만큼 높지 않았다. 오히려 전투에서 돌아와 휴식을 취하며 전투의 격렬함과 잔인함을 회상할 때 더 높은 테스토스테론 수치를 나타냈다. 테스토스테론이 그저 단순히 공격성의 호르몬이 아니라 스트레스 호르몬일 가능성을 제시한 실험결과이다.

다른 여성들에 비해 특별히 적극적이고 조금은 공격적인 여성들의 테스토스테론 농도가 비정상적으로 높다는 연구결과를 가지고 테스토스테론과 공격성의 관계를 지지하는 증거로 내세우는 연구자들이 있다. 그러나 이런 여성들의 경우 테스토스테론의 농도가 높다고는 하지만 남성들이 가진 테스토스테론의 최저 농도 수준의 5분의 1도 채 되지 않는다. 테스토스테론과 공격성의 관계가 남성의 경우에도 제대로 확립되지 않은 마당에 여성들에 관한 이 같은 결과는 증거로써 아무런 가치가 없다. 테스토스테론의 위력은 지나치게 부풀려진 감이 있다. 호르몬이란 말 그대로 자극하는 물질일 뿐이다. 정소를 가지고 있고, 그래서 테스토스테론을 훨씬 많이 만들어낸다고 해서 남성이 여성보다 우월하다는 공식은 결코 성립하지 않는다.

흔히 아이를 낳을 때 자궁을 수축시키고 젖의 분비를 촉진시키는 호르몬으로 알려진 옥시토신은 또 하나의 전형적인 여성호르몬으로 생각하기 쉽다. 그러나 생물학자들의 최근 연구에 의하면 옥시토신은 암수 모두에서 분비되며, 암컷과 수컷, 부모와 자식, 그리고 이웃 간의 사회적 또는 성적 상호관계를 기분 좋게 만들어주는 마법의 호르몬이다. 배란기의 암컷 생쥐에게 옥시토신을 주입하면 훨씬 적극적으로 수컷을 유혹한다. 옥시토신 주사를 맞은 수컷 쥐들은 둥지를 만들고 열심히 새끼들을 돌보지만, 옥시토신의 활동을 억제하는 약을 주입한 수컷들은 새끼를 돌보는 일에 소홀할 뿐만 아니라 때로는 갓난 쥐를 잡아먹기도 한다. 사실 옥시토신은 1903년에 발견되어 1950년에 그 단백질 구조가 이미 밝혀졌던 호르몬이다. 남자들의 몸속에도 상당량 존재한다는 것도 일찍부터 알려졌다. 그럼에도 불구하고 최근까지 옥시토신에 관한 연구는 주로 자궁근육을 수축시키고 젖을 분비하는 역할에만 초점을 맞추고 진행되었다.

한 가지 분명히 짚고 넘어가야 할 것이 있다. 결코 호르몬이 행동을 유발하는 것은 아니다. 노를 저어야 배가 앞으로 나아가지만, 호르몬은 노가 아니다. 공격적인 행동에 반드시 호르몬이 있어야 하는 것도 아니다. 호르몬은 단지 어느 특정한 행동이 일어날 수 있는 가능성을 높여줄 뿐이다. 남녀 간에 호르몬의 양이나 작용에 차이가 있는 것은 사실이다. 그러나 그런 차이가 성을 규정하지는 못한다. 《뉴욕타임즈》에 생물학 관련 칼럼을 쓰며 퓰리처상을 수상한 미국의 베스트셀러 저술가 내털리 앤지어(Natalie Angier)의 표현을 빌리면, "호르몬은 우리를 물가로 인도할 수는 있지만, 우리로 하여금 물을 마시게 할 수는 없다."

두뇌의 차이

남성의 우월함을 놓치지 않으려 남성 과학자들이 특별히 끈질기게 붙들고 있는 것이 바로 두뇌의 차이이다. 그런 만큼 이 부분에 특별히 억지스러운 점이 많다. 두뇌의 크기차이는 분명히 있다. 100여 년 전에 이미 남자의 뇌가 여자의 뇌보다 평균적으로 약 15% 정도 크다는 사실이 밝혀졌다. 그 후 남성 학자들은 이를 엄청나게 이용했다. IQ 테스트를 해보니 남자가 여자보다 더 높게 나온다는 등의 온갖 증거 아닌 증거들을 제시하며 "그래서 여자는 어딘가 좀 모자라다"는 논리를 줄기차게 펴왔다. 그러나 뇌가 크다고 해서 지능이 높다는 상관관계는 성립하지 않는 것으로 분명하게 밝혀졌다. IQ 테스트가 한 인간의 지능을 전반적으로 평가하기에는 너무나 모자란 점이 많은 방법임은 잘 알려져 있다.

이런 식의 유치한 비교 가운데 가장 우스운 것이 바로 수학 실력에 관한 평가이다. 남자아이들은 수학을 잘하고 여자아이들은 수학을 못한다는 얘기가 마치 정설처럼 버젓이 돌아다닌다. 남학생들이 수학을 더 잘한다는 통계수치는 많이 있지만, 실제로 유의수준을 검증해보면 그 차이는 극히 미세하다. 그리고 그 차이는 아마도 지금까지 학교에서나 가정에서 남자아이들로 하여금 수학을 잘하도록 더 많이 격려했기 때문일 것이라는 설명이 더 타당해 보인다.

또 한 가지 우리가 자주 듣는 얘기로 남성은 공간감각이 뛰어나고 여성은 언어감각이 탁월하다는 비교가 있다. 남편들은 아내들에게 자주 길눈이 어둡다는 핀잔을 준다. 특히 차를 몰며 길을 찾을 때면 그런 얘기가 더욱 자주 나온다. 하지만 그것은 대개 남성들이 운전을 하고 여성들은 주로 옆좌석에 앉아 있기 때문에 발생한 문제일지도 모른다. 직접 운전을 하는 사람이 길을 더 잘 기억할 것은 너무도 당연하다. 요즘 내 주변에는 직접 차를 몰고 다니며 길을 잘 찾는 여성들이 수두룩하다.

과학적으로 상당히 잘 짜여진 실험을 통해 남성과 여성이 길을 찾는 방법이 사뭇 다르다는 사실이 밝혀졌다. 남성들이 동서남북 방향지표를 사용하여 길을 찾는 반면, 여성들은 주로 지형지물을 이용한다. 컴퓨터상에서 길을 찾는 실험을 해보면 남성들은 거의 예외 없이 방향지표를 사용한다. 따라서 남성들은 인위적으로 동서남북을 뒤바꿔놓으면 목표지점을 찾는 데 상당한 어려움을 겪는다. 그런가 하면 여성들은 중요한 지형지물이 없어지면 길을 헤맨다.

남녀 간의 방향감각차이에는 진화적 근거가 있을지도 모른다. 그 옛날 우리 인류가 수렵채집생활을 하던 시절로 돌아가보자. 남자들은 주로 동물들을 사냥하러 다녔기 때문에 일정한 코스를 따라다닐 수 없었다. 광범위한 지역을 동물들을 따라 돌아다녀야 했기 때문에 자연히 해나 별을 보며 방향을 파악하는 데 익숙해졌을 것이다. 반면 여자들은 주로 견과나 곡류 등 예측가능한 자원을 찾아다녔기 때문에 마을 주변의 중요한 지형지물을 기억하며 다녔을 것이다. 이 같은 남녀 간의 행동차이는 지금도 오지에서 생활하는 종족들에 대한 연구에서 대체로 비슷하게 드러난다.

여성들이 남성들에 비해 언어감각이 월등하게 발달되어 있다는 사실은 구태여 과학적 증거를 제시할 필요도 없으리라. 부부싸움을 한 번이라도 해봤거나 애인과 다퉈본 사람이면 누구나 잘 알고 있는 일이다. 최근 영국 에든버러의 퀸마거릿 대학 과학자들의 연구결과에 따르면 여자들이 남자들보다 말을 훨씬 유창하게 잘하며 거짓말을 할 때에도 혀가 덜 굳는다고 한다. 말을 꾸미는 데 시간이 걸릴수록 그만큼 자주 중단되며 그 간격을 메우기 위해 '음~' 또는 '아~' 같은 소리를 더 많이 내게 되는데, 연구결과 남자들은 단어 100개마다 세 번이나 중단하는데 비해 여성들은 그 절반 정도밖에 멈칫거리지 않는다고 한다.

이런 연구들은 대부분 남성들이 수행했다. 남성 학자들은 일단 뇌의 내부를 들여다보면 구조적으로 확연한 차이가 있을 것이라고 믿었다. 우리 뇌에는 공항의 관제탑과 같이 체내의 온갖 신진대사 활동을 조절하는 시상하부라는 부위가 있다. 시상하부는 몸의 여러 기관들로부터 각종 신경정보들을 수집한 다음, 그 정보들을 분석하고 종합하여 심장박동, 식욕, 성욕, 수분조절, 혈압, 체온 등 온갖 생리현상들을 조율한다. 시상하부는 또 그에 달려 있는 중요한 내분비기관인 뇌하수체를 조정하여 체내의 거의 모든 호르몬 분비를 조절한다. 워낙 그 기능이 광범위하고 다양하여 많은 남성 학자들은 당연히 그곳에 남녀의 차이가 있어야 한다고 생각하고 열심히 뒤졌다. 하지만 다른 동물들의 경우 약간의 차이들이 발견되었을 뿐 인간을 대상으로 한 연구에서는 아직 이렇다 할 결과를 얻지 못했다. 차이가 있다고 대서특필된 경우를 보더라도 대부분 표본의 크기가 어처구니없이 작아 신뢰성을 부여하기 어렵다.

또 다른 문제점은 표본 크기와 더불어 논문 발표과정의 편향성이다. 기껏해야 여성 셋, 남성 셋을 대상으로 한 연구라도 약간의 차이만 포착되면 대단한 발견인 것처럼 보고되지만, 아무리 여러 사람을 상대로 철저하게 행한 연구라도 어떤 차이가 발견되지 않으면 학술자들로부터 외면당한다. 이것은 비단 남녀의 차이를 다루는 연구에만 국한된 것은 아니다. 과학 연구에서 일반적으로 벌어지는 불합리한 모습이다. 어쨌든 이런 약간의 불공평한 과정을 거친 다음 일반에게 알려지는 결과는 다분히 편향적일 수밖에 없다.

오랫동안 생물학자들은 뇌세포는 일단 만들어지고 나면 재생되지 않을 뿐 아니라 성장과정을 통해 새롭게 만들어지지도 않는다고 생각했다. 그러나 최근의 연구들은 이러한 기존의 생각을 완전히 뒤엎었다. 특히 인간의 뇌는 태어난 후 엄청난 변화를 겪는다는 사실이 밝혀졌다. 인간 아기는 어른 뇌의 4분의 1 정도밖에 되지 않는 작은 뇌를 가지고 태어난다. 다른 영장류들의 경우와 비교해 3분의 2 수준이다. 영장류를 통틀어 우리 인간만큼 조그만 뇌를 가지고 태어나는 동물은 없다. 다시 말하면, 인간처럼 무기력하게 태어나는 동물도 찾아보기 어렵다는 얘기다.

이 같은 현상은 직립보행과 관련이 있는 것으로 여겨진다. 직립을 하다 보니 골반뼈가 네발로 걷는 동물에 비해 훨씬 좁아져 뱃속의 아기를 다 자라게 해서는 도저히 몸 바깥으로 내놓을 수 없게 되었다. 출산과정에서 가장 문제가 되는 머리가 마냥 커질수는 없었던 것이다. 그래서 작고 굳어지지 않은 머리를 가지고 태어난 다음 급속도로 성장하게 하는 방법을 택했다. 인간의 아기는 생후 약 3개월 안에 그 뇌가 거의 3분의 1 정도 더 커지고 여섯 살 무렵이면 거의 두 배가 된다. 유전적인 차이가 없는 것은 아니지만 우리가 보고 있는 남녀의 차이는 아마도 상당 부분 태어난 다음 뇌가 성장하는 과정에서 일어난 것으로 보아야 할 것이다. 바로 이 기간 동안 우리가 남자아이들을 더욱 '남자답게' 키우고 여자아이들은 보다 '여자답게' 키운 것이리라.

생물학적 전환

우리 인간의 남녀차이는 일단 근본적으로 유전적인 것이지만 성장과정에서 받는 환경의 영향도 무시할 수 없다. 성격이나 행동의 차이를 보고 그것이 과연 유전자의 차이에 의해 나타난 것인가를 밝히려면 몇 단계의 검증이 필요하다. 물론 행동도 유전한다. 사람들은 부모자식 간에 몸의 구조 즉 형태나 모습이 닮은 것에 대해서는 주저함 없이 유전자를 운운한다. 유전자라는 용어나 그 개념을 명확하게 소개하지 않더라도 그런 의미를 담고 있는 표현들은 너무도 많다. 김동인의 소설 〈발가락이 닮았다〉에 의문을 제기하는 사람은 별로 없다. 그러나 이효석의 〈메밀꽃 필 무렵〉에서 동이가 왼손에 채찍을 들고 있는 걸 허생원이 지긋이 바라보는 마지막 장면을 두고 왼손잡이 형질도 유전하는가 그렇지 않은가에 대해 의견이 분분하다.

유전자란 다름 아닌 단백질을 만드는 정보를 지닌 화학물질이다. 우리 몸의 구조가 닮는다는 것은 무엇을 의미하는가? 부모와 동일한 유전자를 가졌기 때문에 동일한 단백질들이 합성되었고 그 결과 비슷한 몸의 구조를 지니게 된다. 물론 발생과정에서 환경의 차이 때문에 아무리 똑같은 유전자를 지녔다 하더라도 완벽하게 똑같은 구조를 갖게 되는 것은 아니지만 동일한 유전자를 물려받지 않은 사람의 몸 구조와는 비교가 되지 않을 정도로 닮게 되는 것이다. 그렇다면 유전자가 단백질을 만들고, 그 단백질이 구조를 만들고, 그 구조에 의해 행동이 나타난다는 인과관계를 이해하면 행동 역시 대체로 유전자에 의해 결정된다는 사실을 받아들이지 않을 수 없다.

유전자들의 행동에 일관성이 없다는 데에도 문제가 있다. 예전의 생물학자들은 한 몸을 이루고 있는 유전자들은 모두 한 마음으로 행동하리라고 생각했다. 그러나 우리에게 유전자의 관점에서 사물을 볼 수 있는 눈을 선사한 해밀턴은 이렇게 말했다. "유전자들이란 단순한 자료은행과 한 프로젝트에 헌신하는 경영진과 같은 존재가 아니라는 걸 알게 되었다. 그들은 차라리 이기주의와 파벌 싸움이 난무하는 이사들의 회의실처럼 보이기 시작했다."

우리 몸을 구성하는 유전자들의 총합 즉 유전체는 하나의 목적을 위해 늘 협동하는 공동체가 아니라, 어머니의 유전자들과 아버지의 유전자들 사이에서 늘 서로 견제하며 끊임없는 갈등 속에서 때로 협력하는 혼합체이다. 그래서 하나의 유전체를 이루는 유전자들의 활동을 진화생물학자들은 때로 국회의원들의 의정활동에 비유한다. 자기를 뽑아준 지역구의 이익을 위해 눈에 불을 밝히며 싸워야 하지만 때로는 나라라는 전체를 위한 일도 해야 하는 의원들의 갈등과 유전자들 간의 갈등이 크게 다르지 않아 보인다.

유전자에서 단백질, 단백질에서 구조, 그리고 구조에서 행동으로 이어지는 단계가 축적됨에 따라 변이의 폭이 점점 더 커질 것은 너무도 당연하지만 그 연결고리 자체를 부인할 수는 없다. 『이기적 유전자』의 저자이자 옥스퍼드 대학의 진화생물학자인 도킨스는 행동과 행동의 결과로 나타나는 문명과 문화 모두를 가리켜 '확장된 표현형(extended phenotype)'이라 부른다.

인간의 경우에는 발생과정의 엄청난 유연성 때문에 표현형의 확장 정도 또한 엄청나다. 여성과 남성의 차이도 많은 부분 유전형 자체의 차이가 아니라 확장된 표현형의 차이일 가능성이 크다. 유전자의 눈높이에서 바라본 여성과 남성 사이에는 분명한 차이가 있다. 그렇지만 어떤 의미에서는 그 유전자가 어떻게 표현되는가에 따라 더 큰 차이가 발생할 수도 있다. 그래서 영화 〈아프리카의 여왕〉에서 캐서린 헵번은 험프리 보가트에게 다음과 같은 말을 했는지도 모른다. "본성이란 우리가 그보다 더 나아지기 위해 있는 것이에요."

1953년 언어학자 버그만(Gustav Bergmann)이 처음 도입했고, 또 1967년 철학자 로티(Richard Rorty)가 다시 한번 끌어안았던 개념인 '언어적 전환(linguistic turn)'은 언어 문제에 대한 천착이 없이는 철학적 사유가 불가능하다는 사실을 일깨워주었다. 언어가 인식의 수단인 동시에 인식 가능성의 방향을 결정짓는 수단이기도 하기 때문이다. 언어가 우리의 사유에 족쇄를 채울 수 있다는 걸 인식시켜준 언어적 전환은 1980년대에 이르러 예술 사가인 미첼(W.J.T. Mitchell)이 도입한 '그림으로의 전환(pictorial turn)'과 맞물려 급기야는 '유전적 전환(genetic turn)'에 이른다. 유전적 전환은 앞의 두 개념에 유전자에 의한 세대 간의 연속성을 부여한다. 그러나 나는 개인적으로 유전적 전환이 품고 있는 결정론적 위험성을 적잖게 우려한다.

내가 미국 미시건 대학에서 교편을 잡고 있던 1990년대 초반 미국 사회에 참으로 어처구니없는 사건이 일어났다. 경제적으로 어려웠던 젊은 시절에 아이를 남에게 입양시켰던 아버지가 훗날 생활여건이 나아지자 아이를 도로 찾겠다며 법원에 소송을 제기한 사건이었다. 아이의 친아버지와 양부모 사이의 끝도 없어 보이는 법정투쟁이 진행되는 동안 전 국민이 TV 뉴스에서 눈을 떼지 못했다.

그런데 당시 미국 언론이 사용한 용어에 심각한 문제가 있었다. 언론은 한결같이 친아버지를 '생물학적 아버지(biological father)' 라고 불렀다. 그러나 이는 결코 정확한 표현이 아니다. '유전적 아버지(genetic father)'라고 불렀어야 옳았다. 친아버지는 유전자를 제공했을 뿐 양육에는 전혀 기여하지 않았다는 점을 간과해서는 안 된다. 생물학은 단순히 유전학이 아니다. 모든 생명체는 유전자와 환경의 합작품이다. 생물학에는 유전학과 생태학(ecology) 또는 사회학(sociology)이 포함되어 있다. 유전자의 발현을 조정할 수 있는 환경의 영향을 함께 고려해야 한다.

이런 관점에서 나는 성의 문제를 분석할 때 유전적 전환에서 멈출 것이 아니라 '생물학적 전환(biological turn)'의 개념을 포용해야 한다고 제안한다. 보부아르가 말한 것처럼 여성이 진정 '만들어진 성'이라면 유전자가 펴놓은 멍석 위에서 과연 어느 장단에 맞춰 춤을 추는지 살펴야 한다. 만들어지는 과정은 우리의 지성과 이성으로 충분히 바꿀 수 있다. 성은 정해졌을지 모르나 젠더는 열려 있다.

3

여성들의
바람기를
어찌할꼬?

차라리
암수한몸이었더라면

서울대학교 유안진 교수는 언젠가 서울대학교 《대학신문》 (2000년 11월 13일)에 기고한 글에서 우리나라 최초의 페미니스트를 가락국의 김수로왕이라고 했다. 김수로왕은 왕비 허황옥과의 사이에서 모두 일곱 왕자를 두었는데, 그들 중 세 왕자에게는 김씨가 아닌 허씨 성을 갖도록 하였다. 왕자들이 모두 김씨 성만을 물려받으면 자신의 허씨 성은 없어지고 말 것 아니냐는 왕비의 논리를 기꺼이 받아들인 것이다.

우리 여성계가 그동안 활발하게 벌여온 부모 성 함께 쓰기 운동에서도 일반적으로 부계의 성씨가 모계 성씨를 선행하는 것만 보더라도 모계의 성씨만을 아들에게 물려준 허황옥 왕비 역시 시대를 앞서간 여권론자라 할 수 있다.

미국에서 살 때, 우리 가족과 가장 가깝게 지냈던 이들 중에는 우리 부부와 거의 동갑내기였던 진화인류학자 부부가 있었다. 그 집 아들이 우리 아이와 역시 동갑이어서 유치원도 함께 다녔던 터라 우리 두 가족은 종종 저녁도 함께하며 즐거운 시간을 보내곤 했다. 그런데 그 집에 초대받아 가면 저녁 내내 나는 세상 천하에 제일 못난 남편이었다. 바쁜 일과도 마다 않고 아이들을 돌보는 일에서부터 요리에 이르기까지 그 집안의 거의 모든 일을 도맡아 하는 이는 부인이 아니라 남편이었다. 그 친구는 내가 만난 이 세상 모든 남편들 중에서 단연 아내들이 가장 좋아할 만한 남편이었다. 절대 권위적이지 않으며 부드럽고 자진하여 가사를 돌보는 능력 있고 자상한 아빠이자 남편이었던 것이다.

더욱 대단한 일은 그 집 아이들 모두 엄마의 성씨를 갖고 있다는 점이다. 어떻게 그런 일이 일어났느냐 물었더니 워낙 장난기가 넘쳐흐르는 부인이 키득거리며 자신의 사기행각을 털어놓았다. 그들은 결혼을 하면서 딸에게는 아빠의 성씨를, 그리고 아들에게는 엄마의 성씨를 물려주기로 약속했단다. 기필코 아들을 낳아 부계 가문을 잇게 하는 우리네 정서로는 쉽게 이해가 가지 않는 결혼서약이다. 어쨌든 첫아이로 딸을 낳자, 이 부부는 약속한 대로 엄마의 성씨를 딸에게 주었다. 문제는 둘째인 아들을 낳았을 때였다. 약속대로라면 당연히 아빠의 성씨를 붙였어야 했지만 남편이 잠시 병원 침대 곁을 비운 틈에 부인이 전격적으로 자기 이름을 써넣어버린 것이었다.

우리 문화에서는 상상도 할 수 없는 일이지만, 남편은 크게 괘념지 않는 눈치였다. 오히려 이름이 뭐 그리 중요하냐며 어차피 그 아이들의 몸속에 들어 있는 유전자의 반은 자기 것이니 정성스레 잘 키울 것이라 말하는 것이었다. 과학을 진정 깊이 연구하게 되면 저렇게 마음도 열리는구나 싶었다.

세상 사람들이 가장 감명 깊게 본 영화들 중의 하나인 〈바람과 함께 사라지다〉에는 두 쌍의 남녀가 벌이는 사랑의 미로가 잘 묘사되어 있다. 소설보다는 영화로 더 잘 알려진 이 얘기는 미국 남북전쟁을 배경으로 하고 있지만, 물고 물리는 사랑의 미로는 지금 이 순간에도 우리 곁에서 늘 벌어지고 있다. 세상사 중 가장 힘든 게 인간관계라지만 그중에서도 으뜸은 단연 남녀관계일 것이다. 남녀가 아예 한 몸으로 태어난다면 이렇게 골치 아플 까닭도 없으련만, 어쩌다 우리는 떨어져 태어나 서로를 찾느라 이 고생을 하는가?

사실 남녀의 구분이 확실한 생물인 인간의 눈으로 세상을 봐서 그렇지 자연계에는 암수가 아예 한 몸인 것들도 적지 않다. 우선 거의 모든 꽃들은 암술과 수술을 함께 지니고 있다. 비만 오면 죄다 길바닥에 나와 드러눕는 지렁이들도 한 몸에 암수의 생식기를 다 가지고 있다. 그래서 짝짓기를 할 때면 서로 엇기댄 자세로 한쪽에선 정자를 내주고 다른 쪽에서는 정자를 받는다. 이런 생물들을 우리말로는 암수한몸, 남녀추니 또는 어지자지라 부른다. 또한 영어로는 'hermaphrodite'라 부르는데, 이 말은 그리스 신화에서 헤르메스(Hermes)와 아프로디테(Aphrodite) 사이에서 태어난 첫아들 헤르마프로디토스(Hermaphroditos)에서 온 것이다. 파리의 루브르 박물관에는 풍만한 여성의 젖가슴과 남성의 성기를 모두 갖춘 헤르마프로디토스 석상이 있다. 그리스 신화에 따르면 원래 인간은 한 몸이었는데, 신이 둘로 나누는 바람에 이렇게 늘 서로를 찾아야 한단다.

자연계에는 기본적으로 두 가지 형태의 생식 메커니즘이 존재한다. 하나는 우리 인간처럼 암수가 따로 정해져 있으며 두 배우자가 만나야만 하나의 새로운 생명체를 만들 수 있는 유성생식이고, 다른 하나는 그럴 필요가 없는 무성생식이다. 유성생식을 하는 생물들은 우선 상대를 만나야 한다. 그래서 자연계에는 상대를 만나기 위해 엄청나게 다양한 방법들이 개발되어 있다. 마음에 드는 이성에게 가까이 다가가기 위해 우리들이 해본 그 많은 방법들을 떠올려보면 쉽게 짐작할 수 있으리라.

식물은 한 곳에 뿌리를 박고 사는 관계로 동물들처럼 마음에 드는 암컷을 발견해도 직접 가까이 다가가 사랑을 고백할 수 없다. 그래서 그들은 사랑의 메신저를 고용한다. 바로 벌, 나비, 새 또는 박쥐들이 대표적이다. 식물은 이들 메신저들을 유혹하기 위해 우선 자신들의 성기를 온 세상에 있는 대로 활짝 벌리고 산다. 꽃은 다름 아닌 식물의 성기다. 그걸 우리 인간은 사랑의 징표로 주고받는다. 식물은 자신의 성기를 찾아준 사랑의 메신저에게 저만치 떨어져 있는 다른 꽃을 찾아가 자기

대신 사랑을 나눠달라며 답례로 꿀까지 바친다.

동물세계의 수컷들은 암컷을 찾아 끊임없이 돌아다닌다. 환경파괴로 인하여 동물들의 개체군 크기가 줄어들면 어느 순간부터 암수가 만나기조차 어려워진다. 이는 미국의 동물생태학자 앨리(William Allee)가 이미 70여 년 전에 경고했던 현상이다. 만주 벌판에 사는 호랑이들은 이미 앨리의 수렁에 빠져든 것으로 보인다. 전체적으로 수가 너무 줄어들어 원래 그들이 움직이는 행동반경 내에서 암수가 맞닥뜨릴 확률이 극도로 낮아진 상태이다. 아직 몇 마리 남았으니 그래도 다행이라고 생각할지 모르지만 정말 이들이 만날 수도 없을 만큼 개체군의 크기가 줄어든 것이라면 거의 절멸한 것으로 봐야 할 것이다. 현재 세계에는 이 같은 앨리 효과의 영향권에 놓인 동물들이 상당수 있는 것으로 보인다.

애써 암컷을 찾았다고 해서 수컷의 고행이 끝난 것은 결코 아니다. 이젠 암컷의 마음을 사로잡아야 하는 고비가 기다리고 있다. 동물들의 세계를 둘러보면 늘 수컷들이 암컷 앞에서 교태를 부리며 추근거린다. 인간의 경우처럼 암컷이 수컷에게 애교를 떠는 예는 극히 드물다. 차라리 암수한몸이었더라면 찾으러 다닐 필요도 없고 아양을 떨 까닭도 없으련만.

무성생식을 하는 동물들은 조건만 맞으면 혼자서 자식을 낳는다. 박테리아를 비롯한 단세포생물들은 한 몸을 둘로 쪼개면 되고, 히드라나 몇몇 식물들은 새로 자라나온 몸의 일부를 떼어내기만 하면 새 생명이 탄생한다. 진딧물처럼 단위생식을 하는 생물들은 그저 암컷 혼자 수컷의 도움 없이 또 다른 암컷들을 낳는다. 암컷이 암컷을 낳는 경우에 비하면, 훨씬 드물지만 가끔은 암컷이 단위생식을 통하여 수컷을 낳는 생물들도 있다.

여왕개미나 여왕벌은 때로 정자를 아껴 미수정란을 낳는데, 그들은 모두 수컷으로 태어난다. 개미와 벌의 경우에는 암컷이 자신의 유전자와 수컷의 유전자를 합쳐 자식을 낳으면 모두 암컷이 되지만, 수컷의 유전자 없이 자신의 유전자만으로 자식을 만들면 수컷이 된다. 곰곰이 생각해보면 참으로 특이한 번식방법이 아닐 수 없다.

유성생식이 무성생식에 비해 불리한 것은 단순히 번거로움만이 아니다. 유전적으로 엄청난 손해를 감수해야 한다. 두 성이 만나 하나의 생명체를 이룬다는 말은 각각의 성이 자신의 유전자의 절반밖에 주지 못한다는 걸 의미한다. 자신의 유전자를 너무나 사랑한 나머지 절반 이상을 주면 기형의 자식을 얻을 뿐이다. 나는 가끔 호수에 비친 제 얼굴에 반해 먹고 마시는 것도 잊어 결국 수선화가 되어버린 나르키소스에게 자손이 없는 이유가 혹시 자기 유전자에 대한 지나친 애착 때문은 아니었을까 의심해본다.

자신의 유전자를 100% 물려주지 못하는 아쉬움은 아들딸을 어떻게 섞어 낳느냐에 따라 한층 더 커질 수 있다. 각각 유성생식과 무성생식을 하는 가상의 두 가족을 상상해보자. 유성생식을 하는 가족은 확률적으로 아들과 딸을 대개 50:50으로 낳는다. 만일 10명의 자식을 낳는다면 그중 다섯은 아들이고 나머지 다섯만이 딸이라는 얘기다. 하지만 무성생식을 하는 가족은 10명 모두 딸을 낳는다. 그 자식들이 그들의 자식을 낳는 다음 세대를 비교해보자. 유성생식 가족은 다섯 명의 딸들이 각각 열 명의 자식들을 낳지만 그들 중 딸은 역시 다섯일 뿐이다. 모두 25명의 딸들이 태어난다. 그에 비하면 무성생식 가족에서는 10명의 딸들로부터 무려 100명의 손녀를 얻게 된다. 세대를 거듭할수록 차이는 점점 더 크게 벌어질 것이다.

이렇게 따지고 보면 유성생식이 도대체 어떻게 진화할 수 있었을까 의심할 수밖에 없다. 오늘날 성의 진화는 생물학자들에게 가장 중요하고 어려운 질문 중의 하나이다. 그래서 그런지 유명한 세계적인 생물학자들은 모두 경쟁하듯 성의 진화에 관한 논문들을 발표했다. 그중 가장 인상적인 논문은 역시 유명한 영국의 진화생물학자 메이너드 스미스(John Maynard Smith)가 쓴 「Why Sex?」이다. 도대체 성이란 무엇 때문에 생겨났는가를 묻는 논문이다. 더욱 불가사의한 것은 유성생식이 무성생식에 비해 여러 면에서 명백하게 불리한데도 실제로 자연계를 둘러보면 우리를 포함하여 눈에 띄는 대부분의 생물들이 다 암수가 확실하게 구분되어 있는 생물들이라는 점이다. 유성생식이 무성생식에 비해 어떤 결정적인 이득이 있지 않은 한 설명하기 쉽지 않은 현상이다.

성의 진화에 대해서는 지난 반세기 동안 엄청나게 많은 연구가 진행되었다. 성의 진화를 설명하려는 가설들도 상당수 제안되었다. 그 가설들을 일일이 다 설명하는 일은 이 책의 범주를 넘어서는 것 같아 여기에서는 현재 가장 강력한 지지를 얻고 있는 해밀턴 박사가 제안한 가설에 대해서만 간략하게 설명하도록 하겠다.

그는 성이 병원균에 대항하기 위해 진화했다고 주장했다. 병원균들은 세대가 워낙 짧고 빠른 속도로 진화하기 때문에 늘 새로운 무기를 개발하여 숙주생물을 공격할 수 있다. 병원균들에 비해 상대적으로 세대가 길어 같은 속도로 방어무기를 개발할 수 없는 숙주생물들은 유전자를 섞는 성이라는 과정을 통해 병원균들이 미처 공격할 방법을 찾지 못한 유전자 조합을 만들어낸다. 무성생식을 하는 생물들은 번식력 면에서 유성생식 생물들에 비해 절대적으로 우위를 점하지만 때로 치명적인 병원균에 노출되면 유전적으로 거의 동일한 개체들로 이루어진 집단 전체가 한꺼번에 절멸할 가능성이 높다. 유성생식을 하는 생물들은 진화의 역사를 통해 무성생식 생물들처럼 짧은 기간에 엄청난 성공을 거두지는 못하지만 오랫동안 꾸준히 살아남을 수 있었던 것이다.

그렇다고 해서 우리가 병원균의 존재를 늘 의식하며 진화했다는 것은 아니다. 나 역시 안사람과 섹스를 하며 '병원균을 타도하자!'고 부르짖어본 일은 한번도 없다. 우리는 그저 섹스를 엄청나게 좋아하도록 진화했을 뿐이고, 그 결과 병원균들의 공격을 막아낼 수 있게 된 것이다. 내 유전자의 전부를 자식에게 전달할 수 없는 것은 아쉽지만, 내 유전자의 절반과 내가 선택한 배우자의 유전자 절반이 합쳐져 만든 자식들 중에는 병원균들의 공격에 보다 강한 내성을 보이는 자식이 태어날 수 있다. 자식들이 살아갈 미래의 환경을 정확하게 예측할 수 없는 상황에서 확률적으로 가장 유리한 전략은 유전적으로 다양한 자식들을 만들어내는 것이다. 유성생식은 무성생식에 비해 단기적으로는 불리하지만 장기적으로 유리했기 때문에 오늘날 이 지구에는 싫건 좋건 성의 향연이 벌어지고 있는 것이다.

성의 갈등과 화해

남성들 중에는 자신의 화려한 여성편력을 자랑삼아 떠벌리는 이들이 많은 데 비해, 여성들은 대체로 자신들의 남성편력을 숨기려 한다. 지금은 은퇴한 미국의 유명한 농구선수 월트 챔벌린이나 미남 배우 찰리 신 같은 이들은 공공연하게 수백 명의 여성과 잠자리를 같이했음을 밝힌다. 운동선수나 연예인이 아니더라도 여러 여성들과 성관계를 맺었음을 아무런 거리낌 없이 밝히거나 실제로는 그렇지 않았음에도 그랬던 것처럼 꾸며대는 남성들이 우리 주변에는 얼마든지 있다. 성상납을 받는 남성들의 얘기는 많아도 그 반대는 거의 없다. 우리 사회 어디를 둘러봐도 추근대는 쪽은 거의 언제나 남성이지 여성이 아니다. 요즘에는 드물게나마 남자 부하가 여자 상관에게 성희롱을 당했다는 보도가 없는 것은 아니지만 성희롱은 거의 언제나 남성이 여성에게 저지르는 추태이다.

이 같은 추세는 인간의 경우에만 국한된 것이 결코 아니다. 아주 극소수의 예외적인 경우들을 제외하곤 자연계 어디를 둘러보나 상황은 크게 다를 바 없다. 성을 대하는 암수의 태도는 난자와 정자를 만드는 과정에서부터 차이가 난다. 앞에서도 이미 언급한 대로 난자와 정자는 에너지 투자량에서 엄청난 차이가 있다. 수컷은 이를테면 값싼 주식을 여러 개 구입한 다음 그중에서 몇 개라도 운좋게 성공하기를 바라는 전략을 사용한다. 수컷은 단 한 번 사정에도 천문학적인 숫자의 정자를 쏟아낸다. 단가가 낮은 배우자들을 다량 생산하여 양으로 승부를 보려는 전략이다.

이에 비하면 암컷은 소수의 황금주에 집중적으로 투자한다. 주식회사의 경우에도 개미 주주보다는 큰손의 발언권이 더 큰 것처럼 암수 사이에도 투자를 더 많이 하는 쪽이 선택권을 행사할 것은 너무나 당연한 일이다. 투자할 곳을 신중하게 고를 것 역시 너무나 당연하다. 다윈은 이 같은 현상을 가리켜 암컷 선택(female choice) 또는 성간선택(intersexual selection)이라 일컬었다.

암수가 번식에 쏟아붓는 투자는 배우자 수준에서 끝나는 것이 아니다. 사회성의 진화에 여러 훌륭한 이론들을 제시한 미국의 진화생물학자 트리버즈(Robert Trivers)는 배우자를 만드는 것에서부터 상대를 고르는 과정을 거쳐 자식을 낳아 기르는 과정 전체에 드는 투자 전부를 고려해야 한다고 주장한다. 만일 배우자 수준의 투자차이를 가지고 암수의 투자전략을 판단한다면 이 세상 모든 생물에서 암컷의 투자가 언제나 훨씬 크고, 따라서 번식의 선택권은 언제나 암컷에게만 있어야 한다. 이 세상 그 어느 생물에서도 난자보다 큰 정자를 생산하는 예는 없기 때문이다. 난자보다 큰 정자를 생산하는 수컷이 있다면 그 수컷은 더 이상 수컷이 아니라 암컷이다.

트리버스의 이론을 역설적으로 뒷받침해주는 완벽한 예가 모르몬귀뚜라미에서 관찰되었다. 모르몬귀뚜라미는 말이 귀뚜라미이지 사실 베짱이의 일종이다. 베짱이나 메뚜기 같은 곤충들은 짝짓기를 할 때 수컷이 암컷의 질 속으로 직접 정자를 액체 상태로 사정하는 것이 아니라, 정자들을 정낭(spermatophore)이라 부르는 주머니 속에 담아 전달한다. 이들 수컷들은 종종 정낭에 정자뿐 아니라 영양분도 한 덩어리 매달아 선사하기 때문에 암컷들은 되도록 커다란 정낭을 선사하는 수컷을 선호한다.

짝짓기가 끝나면 암컷은 곧바로 몸을 구부려 질 바깥으로 튀어나와 있는 영양분 부분을 갉아먹기 시작한다. 정낭의 영양분 부분이 크면 클수록 암컷이 그걸 갉아먹는 데 걸리는 시간이 그만큼 길어질 것이다. 이 시간이 충분히 길어야 정낭 속의 정자들이 안심하고 난자에 도달할 수 있다. 그래서 수컷들은 점점 더 커다란 정낭을 만들도록 진화했다. 모르몬귀뚜라미의 경우는 도가 지나쳐 정낭 한 개를 만드는 데 수컷은 자신의 체중의 무려 27%를 투자한다. 우스갯소리지만 하룻밤에 네 번의 정사를 즐기고 나면 수컷은 그냥 공중분해 되고 만다는 계산이 나온다.

캐나다 토론토 대학의 그윈(Darryl Gwynne) 교수의 연구에 따르면, 모르몬귀뚜라미의 세계에서는 이처럼 엄청난 투자를 하는 수컷들이 번식의 선택권을 쥐고 있다고 한다. 체중의 4분의 1 이상을 잃는 수컷의 투자가 알을 낳는 암컷의 투자보다 더 크기 때문이다. 우리 인간세상에서도 혼인을 할 때 종종 남자 집에서 거들먹거리는 경우들이 있는데, 그럴 때는 거의 예외 없이 남자의 집이 돈이나 권력을 쥐고 있기 때문이다. 돈과 권력을 쥐고 있는 가문이 며느리를 고르는 과정과 흡사하게 모르몬귀뚜라미 수컷이 구애의 노래를 부르기 시작하면 암컷들이 몰려와 간택을 기다린다. 흥미롭게도 그윈 박사는 모르몬귀뚜라미 수컷들이 대체로 뚱뚱한 암컷을 선호한다는 사실을 발견했다. 뚱뚱한, 좀 더 좋은 표현을 사용하면 풍만한 암컷이 알을 훨씬 더 많이 품고 있기 때문이다. 기왕에 엄청난 투자를 하는데 보다 나은 투자처를 찾아야 하는 것은 너무나 당연한 일이다.

수컷이 번식선택권을 지니고 있을 법한 동물로 생물학자들은 오랫동안 해마와 해룡을 눈여겨보았다. 물고기이면서도 도무지 물고기처럼 보이지 않는 이 신기한 동물의 수컷은 자연계에서 거의 유일하게 암컷 대신 새끼를 배에 품고 다닌다. 짝짓기를 마치자마자 암컷은 수정란들을 수컷의 배주머니로 옮겨놓곤 사라져버린다. 그러면 그 알들에서 새끼들이 부화하여 꼬물거리고 빠져나올 때까지 수컷이 정성스레 보호한다.

언뜻 보아 도저히 물고기 같아 보이지 않는 해마의 수컷들은 포유류 암컷들처럼 새끼를 밴다. 최승호 시인은 〈죽은 해마〉라는 시에서 "아버지의 배주머니 속에서 아버지의 간섭을 받아야 했"던 동물이라고 표현했다. 어느 영화에서 근육질 배우 아놀드 슈왈제네거가 임신을 하여 배가 부른 장면이 나오지만, 자연계에서 암컷들의 산고를 흉내라도 내보는 유일한 동물이 바로 해마다.

아들 녀석을 뱃속에 담고 힘들어하던 안사람이 내게 생물학이 그렇게 발달했다면서 왜 남자들이 임신할 수 있는 방법은 찾아내지 못하느냐며 투덜거리던 생각이 난다. 포유동물의 암컷들이 뱃속에서 새끼를 기르는 희생은 실로 엄청나다. 하지만 해마의 경우에는 결국 암컷에게 번식선택권이 있는 것으로 판명되었다. 해마 수컷들은 기껏해야 그저 일주일 정도 새끼를 배고 있을 뿐인 것으로 밝혀졌다. 그 정도의 희생으로는 선택권을 넘겨받기 어려운 모양이다.

새끼를 낳기 위해서 암컷과 수컷은 궁극적으로 협력해야 하지만 누가 더 투자를 많이 할 것인가를 놓고 늘 저울질을 하며 산다. 그 결과 대체로 암컷들은 질을 중시하는 방향으로 진화한 반면, 수컷들은 질보다는 우선 양으로 승부를 보려고 한다. 기네스북에는 평생 69명의 자식을 낳은 어느 러시아 여인이 세상에서 가장 아이를 많이 낳은 여자로 기록되어 있다. 전부 13번의 임신에 두쌍둥이, 세쌍둥이, 네쌍둥이를 섞어 무려 69명이나 낳은 것이다. 상상을 초월하는 엄청난 숫자이다. 아이를 낳아본 경험이 있는 여성이라면 분명히 동감하리라 생각하지만 당분간 이 기록은 깨기 어려울 것 같다.

그러나 이 엄청난 기록도 남자의 기록에 비하면 정말 아무것도 아니다. 기네스북이 선정한 역대 최고로 가장 많은 자식을 낳은 남자는 '피에 굶주린(The Bloodthirsty)'이라는 별명을 가진 모로코의 황제 이스마일(Moulay Ismail, 1672~1727)이다. 1703년까지 아들 525명과 딸 342명을 합쳐 무려 867명의 자식을 낳았고, 1721년에 이르면 700번째 아들을 얻은 걸로 알려져 있다. 나는 때로 우리나라 백제의 의자왕에 대한 기록이 제대로 남아 있지 않은 걸 안타깝게 생각한다. 무려 3,000명의 궁녀가 낙화암에서 몸을 던졌다는데 그들이 모두 자식을 낳았다면 그 수가 얼마나 엄청났을까?

암컷이 수컷보다 신중한 것은 배우자를 만드는 과정에서도 여실히 드러난다. 인간의 경우 남자들은 건강만 유지하면 나이가 많은 경우에도 정자를 생산할 수 있다. 그래서 노년에 자식을 얻은 남자들의 얘기를 우리 주변에서 심심찮게 들을 수 있다. 그러나 여성들의 경우는 다르다. 완경(예전에는 폐경이라 불렀지만 완경이라 부르는 것이 더 타당하다고 생각한다)이 되고 나면 여성들은 수정란을 이식받지 않는 한 더 이상 자식을 낳을 수 없다. 난자가 바닥났기 때문이다. 여성은 두 난소 속에 약 200만 개의 난자를 갖지만, 만약 자식을 둘만 낳는다면 100만분의 1의 신중함을 보이는 셈이다. 고르고, 고르고, 또 고르는 게 암컷들이 하는 일이다. 이렇게 철저한 선택과정을 통해 고른 난자를 사용하는데 어찌 신중하지 않을 수 있으랴.

헤픈 남성,
신중한 여성?

수컷들은 암컷들과 짝짓기를 할 기회가 많으면 많을수록 번식 성공도를 높일 수 있다. 그러나 암컷의 경우는 다르다. 아무리 여러 수컷들과 짝짓기를 한다 해도 한 번에 낳을 수 있는 자식의 수에는 한계가 있다. 암컷에게는 상대하는 수컷의 수보다는 자식을 얼마나 잘 낳아 기를 수 있는가를 결정하는 영양상태가 훨씬 더 중요하다. 한 번에 엄청난 숫자의 알을 낳는 곤충들이나 굴이나 산호 같은 해양동물들도 단 한 마리의 수컷으로부터 그 모든 알들을 다 수정시킬 수 있는 정자를 얻을 수 있다. 따라서 암컷의 경우에는 정자의 수를 늘리기 위해 여러 수컷들을 상대할 이유는 별로 없어 보인다.

그러나 이 논리가 남자에게는 바람을 피울 확실한 이유가 있고 여자들은 근본적으로 바람을 피우려 하지 않는다는 주장을 뒷받침할 수는 없다. 초창기의 사회생물학자들은 바로 이 점을 경솔하게 부각시켜 페미니스트들로부터 공격을 받았다. 새를 연구하는 생물학자들은 오랫동안 새들의 거의 95%가 일부일처제를 유지하며 부부가 함께 새끼들을 기른다고 믿어왔다. 그러나 최근 유전자 감식법을 사용하여 한 둥지에서 자라는 새끼들의 유전자를 조사해보았더니 평균 30% 이상, 심한 경우에는 70%에 이르는 새끼들이 그 둥지에 함께 사는 수컷의 자식이 아니라는 사실이 밝혀졌다. 암수가 성실하게 함께 자식을 기른다고 믿었던 동물들의 대부분이 알고 보니 외도를 즐기고 있다는 사실이 속속 밝혀졌다.

오래전 보스턴의 한 병원에서 실시한 조사에서도 비슷한 결과가 나왔다. 그해 그 병원에서 출생한 아이들의 약 30%가 법적인 아빠의 자식이 아니라는 사실이 드러났다. 그래서 미국의 여러 주에서는 병원 당국이 부모에게 아이의 혈액형을 알려주지 않아도 된다는 법이 통과되었다. 부모의 혈액형이 B형과 O형인데 A형인 자식이 태어날 수는 없다는 지식쯤은 웬만한 사람들이면 대부분 알고 있기 때문에 번번이 병원에서 갓난아기를 사이에 두고 부부싸움이 일어나는 걸 막기 위해 생긴 법이다. 아이의 혈액형을 알고 싶으면 나중에 두 사람이 부부라는 걸 입증할 수 있는 증명서를 들고 시청에 함께 가서 신청서를 제출하거나 병원에 다시 가서 아이의 피를 또 뽑아야 한다.

구태여 그럴 이유도 없고 하여 이래저래 미루다 안사람과 나는 결국 아들의 혈액형을 알지 못한 채 귀국했다. 귀국하고 얼마 후 갑자기 아들을 응급실에 데려갈 일이 생겼다. 급한 상황에서 간호사가 아이의 혈액형을 물어왔다. 모른다고 대답하는 우리 둘을 그 간호사는 별 이상한 사람들도 다 보겠다는 표정으로 바라보았다. 어쩔 수 없이 아이의 팔뚝에서 피를 뽑는 간호사에게 나는 조용히 혈액형을 알게 되면 우리에게도 좀 알려달라고 부탁했다. 그리곤 응급실 밖 의자에 앉아 기다리는

데, 얼마 후 그 간호사가 응급실 문을 활짝 열며 큰소리로 "AB형입니다." 하며 외쳐댔다. 온 세상이 다 들을 수 있도록. 내 머릿속에서는 매우 재빨리 안사람의 혈액형은 A형이고 내 혈액형은 B형이니 AB형이 나올 수 있겠구나 하는 계산이 스쳐지나갔으리라.

그동안 사람들은 수컷만 여러 암컷들과 짝짓기를 하고 암컷은 한 마리의 훌륭한 수컷으로 만족한다는 어설픈 고정관념을 갖고 있었다. 짝짓기란 암수가 한데 어우를 수 있어야 가능한 법인데 어찌 수컷들이 많은 암컷들을 상대하는 동안 암컷은 제가끔 한 수컷에만 수절을 할 수 있단 말인가? 도무지 계산이 맞지 않는 억지일 뿐이다.

개인적으로 나는 1997년 영국 케임브리지 대학 출판부에서 출간한 저서『곤충과 거미류의 짝짓기 구조의 진화(The Evolution of Mating Systems in Insects and Arachnids)』에서 암컷이 여러 수컷들과 짝짓기를 해서 얻을 수 있는 이득을 11가지나 찾아내 논의한 바 있다. 그 11가지를 모두 다 나열하고 논의할 수는 없으니 그중 몇 가지만을 추려서 얘기해보고자 한다.

대부분의 경우 충분한 숫자의 정자를 확보하기 위해 암컷이 여러 수컷들과 짝짓기를 하는 것은 아닌 듯싶다. 1회 사정에 쏟아내는 정자의 수가 이미 천문학적인 것만 봐도 쉽게 짐작할 수 있다. 여러 수컷을 상대해야 할 가장 명백한 이유 중의 하나는 불임성 수컷에게 묶일 위험을 벗어나기 위해서이다. 불임으로 병원을 찾는 부부들 중 남편에게 책임이 있는 경우가 그 반대보다 오히려 많은 것으로 판명되고 있다. 옛날 우리 사회에서는 아이를 못 낳는다는 이유로 억울하게 소박을 맞은 여인들이 적지 않았다. 북미 늪지대에 서식하는 붉은깃찌르레기는 새들 중에서 드물게 일부다처제를 시행한다. 늪 한가운데 좋은 터를 확보한 으뜸수컷은 여러 마리의 암컷을 거느리는 반면 변방의 수컷들은 한 마리의 암컷도 모시기 어렵다.

워싱턴 대학의 연구진이 수행한 사뭇 짓궂은 실험 하나를 소개하려 한다. 이른 봄 늪지대에 수컷들이 먼저 날아들어 서열이 정해진 직후 연구진은 으뜸수컷을 붙잡아 거세를 시킨 다음 다시 풀어주었다. 으뜸수컷이 불임이라는 사실을 알지 못하는 암컷들은 앞을 다투어 그의 넓은 터 안에 둥지들을 틀었다. 그 암컷들이 모두 한 남자만 섬기는 열녀들이었다면 그들 중 어느 누구도 새끼를 낳지 못했을 것이다. 결과는 예상 밖이었다. 불임이 된 으뜸수컷의 터에 둥지를 튼 암컷들은 모두 아무 문제 없이 버젓이 새끼들을 낳아 길러냈다. 정자는 모두 변방의 수컷들로부터 받고 재산은 으뜸수컷의 것을 사용하며 자식을 길러낸 것이다.

검은머리박새의 암컷들도 교묘한 방법으로 외도를 한다는 사실이 생물학자들에 의해 밝혀졌다. 박새들은 번식기가 아닌 겨울에는 모두 한데 모여 다니며 먹이를 찾는다. 그러면서 서로 힘겨루기를 하며 서열을 정한다. 봄이 되어 번식기가 시작되면 서로 짝을 지어 터를 확보하고 그 안에서 함께 새끼들을 낳아 기른다. 그런데 어쩌다가 상대적으로 낮은 서열의 수컷과 짝이 된 암컷들 중에는 은밀히 서열이 높은 수컷의 터를 들락거리는 것들이 있다. 새끼를 키워줄 착실한 남편의 터를 떠나지 않으면서 유전자는 좀더 훌륭한 수컷의 것으로 확보하겠다는 전략이다.

성이 진화한 까닭 자체가 그렇지만 암컷이 여러 수컷과 짝짓기를 하는 가장 근본적인 이유는 뭐니뭐니해도 유전적으로 다양한 자식들을 낳기 위함이다. 미래의 환경을 정확하게 예측할 수 없는 상황에서 암컷이 취할 수 있는 가장 안전한 전략은 줄줄이 비슷비슷한 유전자들을 지닌 자식들을 낳는 게 아니라 서로 다른 조합의 유전자들을 가진 자식들을 낳는 것이다. '깨물어서 아프지 않은 손가락이 없다'는 속담처럼 어느 자식이건 잃고 싶지 않은 게 부모 마음이지만, 유전적으로 다양한 자식들을 낳으면 적어도 그중 일부는 살아남을 수 있다. 남의 자식을 길러주는 손해일랑 절대 보지 않으려는 남자들의 서슬만

피할 수 있다면 진화의 관점에서 볼 때 확실히 유리한 전략이다.

우리는 흔히 질투란 여자들이나 하는 것으로 생각한다. 하지만 질투는 사실 수컷의 속성이다. 암컷은 자식을 의심할 이유가 없다. 자기 몸으로 직접 낳은 자식이기 때문이다. 그러나 수컷은 자기 자식이 진정 자신의 유전자를 물려받은 자식인지에 대해 의심을 할 수 있다. 이 때문에 수컷들은 진화의 역사를 통해 다른 수컷들로부터 암컷을 보호하는 온갖 방법들을 개발했다. 잠자리와 실잠자리들은 짝짓기를 마친 다음에도 암컷을 놓아주지 않고 달고 다닌다. 일부다처제를 유지하는 동물의 수컷들은 암컷들을 지키느라 번식기 내내 거의 식음을 전폐한다. 줄무늬다람쥐 수컷은 번식기 동안 거의 쉴 없이 암컷의 꽁무니만 따라다닌다. 어떤 수컷은 자기의 암컷이 다른 수컷들과 만나지도 못하도록 굴 속에 암컷을 몰아넣곤 아예 입구를 엉덩이로 막고 앉아 있기도 한다. 설치류 동물의 수컷은 점도가 특별히 높은 정액을 분비하여 짝짓기가 끝난 다음 암컷의 생식기를 틀어막기까지 한다. 중세의 남성들이 전쟁터로 가면서 아내들에게 정조대를 채운 것과 그리 다르지 않다. 정조대처럼 심한 경우가 아니더라도 자신의 여성을 다른 남성들로부터 보호 또는 격리시키기 위해 남성들이 벌이는 행동들은 우리 주변에서 얼마든지 관찰할 수 있다.

하지만 여성들은 그들 나름대로 남성들의 눈을 피해 바람을 피우는 방법들을 개발했다. 그중에서 가장 절묘한 방법은 뭐니뭐니해도 배란을 드러나지 않게 하는 것이다. 다른 영장류의 암컷들은 대체로 배란시기를 온 세상에 광고하는 방향으로 진화했다. 배란기가 가까워지면 대부분의 영장류 암컷들은 주체할 수 없을 정도로 발갛게 부풀어오른 엉덩이를 흔들며 동네방네 암내를 풍겨 뭇 수컷들을 끌어모은다. 우리와 유전자의 거의 99%를 공유하는 침팬지 사촌들도 예외가 아니다.

그러나 인간 여성들은 배란기를 절대로 알리지 않게끔 진화했다. 사실 자기 자신도 배란을 느끼지 못한다. 임신을 애타게 기다리는 부부들의 경우에도 부인이 체온기를 사용해야만 배란이 가까워졌음을 알고 일 나간 남편에게 황급히 전화를 하여 집으로 불러들이기도 한다. 과학의 도움으로 알게 된 사실이다. 남편도 자기 부인의 월경주기를 주의 깊게 관찰하지 않는 한 감지하기 어려운 일이다. 하물며 이런 과학적 지식을 알고 있지 않았던 석기시대 남성들은 오죽했을까?

만일 남자들이 여자들의 배란시기를 정확하게 알 수 있다면 그때에만 잠자리를 함께하고 나머지 시간에는 사냥을 가거나 다른 여자를 찾아나설 수도 있을 것이다. 그러나 이처럼 배란이 은폐된 상황에서 남자들이 취할 수 있는 가장 안전한 전략은 한 여자라도 확실하게 보호하며 자주 섹스를 하는 방법뿐이다. 인간도 다른 모든 포유동물들과 마찬가지로 일부다처제의 성향을 다분히 지니고 있다. 그러나 이 은폐된 배란은 인간 남성들로 하여금 일부일처제를 고려하지 않을 수 없게끔 만들었다. 가정에 묶여 마음껏 뜻을 펼 수 없다고 투덜대는 남성들이 있지만, 결혼은 원래 남자가 원해 생겨난 제도라고 생각한다.

4

임신,
그 아름다운
모순

암컷들,
임신을 결심하다

유성생식을 하는 생물들은 어떻게 하든 알, 즉 난자와 정자를 만날 수 있게 해줘야 한다. 유성생식을 하는 동물에는 크게 보아 두 종류의 암컷이 있다. 알을 몸 밖으로 내보내 수정을 시키는 암컷들이 있는가 하면, 알을 몸 밖에 내놓기가 못내 안쓰러워 품고 있는 암컷들이 있다. 이른바 체외수정을 하는 동물들은 대개 난자와 정자를 물속에 뿌린다. 물이 전달매체가 되는 것이다. 일찍이 그 어느 생물학자도 날개가 달린 정자를 본 적이 없는 걸 보면 공기는 좋은 전달매체가 될 수 없는 것 같다. 정자들로 하여금 그들의 긴 꼬리를 이용하여 난자에게 헤엄쳐 갈 수 있게 해주는 매체가 바로 물이다.

체외수정을 하는 동물들은 대체로 자식을 돌보지 않는다. 물고기들 중 일부와 양서류의 몇몇 종들을 제외하곤 대개 난자와 정자를 물속에 뿌리곤 사라져버린다. 밤낮으로 열심히 돌봐도 때론 사고를 당해 잃을 수 있는 게 자식인데 하물며 아무렇게나 내팽개친 자식은 오죽하겠는가. 그래서 체외수정을 하는 동물들은 대체로 엄청난 수의 알을 낳는다. 불가사리 암컷 한 마리가 바닷물 속에 뿌리는 알의 수는 한 번에 대략 250만 개에 이른다. 하지만 대부분은 다른 해양동물들의 먹이로 사라지고 극히 일부만이 살아남아 성체로 성장한다.

이처럼 무책임하고 무지몽매해 보이는 번식방법의 효율성을 높이는 적응으로 체내수정이 진화했다. 체내수정이 번식의 효율을 높이려는 암컷의 주도로 이뤄졌는지 아니면 자신의 정자를 보다 빨리 그리고 확실하게 난자에 전달하려는 수컷들의 경쟁으로부터 진화했는지는 확실하지 않다. 체내수정을 하는 암컷들이 체외수정을 하는 암컷들에 비해 훨씬 적은 수의 알을 생산하는 것은 분명한 사실이다. 체내수정을 하는 동물치고 알을 특별히 많이 낳는 곤충들도 체외수정을 하는 동물들에 비할 바는 아니다.

하지만 알들이 아직 암컷의 몸 안에 모여 있을 때 누구보다도 먼저 정자를 암컷 몸 깊숙이 배달하는 것도 수컷들의 전략으로 충분히 있었음 직한 일이다. 많은 동물의 수컷들이 자신의 정자를 슬며시 암컷의 몸 안에 밀어넣는 것이 아니라 근육의 힘을 빌려 깊숙이 뿜어넣는 것을 보더라도 수컷들의 의도를 짐작할 수 있다.

체내수정을 하는 동물들의 경우 정자를 난자 가까이 전달하기 위해서는 암컷의 짝짓기 허락이 필수적이다. 그래서 수컷들은 모두 암컷 앞에서 아양을 떤다. 동물들 세계에 수컷이 강압적으로 암컷을 범하는 경우, 즉 인간사회에서 강간이라고 부르는 행위가 없는 것은 아니지만, 대부분의 경우 암컷의 협조가 없이는 짝짓기란 불가능하다. 예전 어려웠던 시절 할머니나

어머니가 옷을 벗겨 잡아주던 빈대의 수컷들은 상당히 야비한 방법으로 정자를 전달한다. 암컷에게 정중하게 짝짓기 허락을 받는 것이 아니라, 그냥 슬그머니 다가가 마치 주삿바늘과도 같은 뾰족한 생식기를 사용하여 암컷의 몸 아무 곳이나 찔러 정자를 쏟아붓는다. 그러면 정자들이 알아서 난자를 찾아간다. 만일 그런 일이 우리 인간사회에서 벌어진다면 요즘 말로 가히 엽기적인 일이 아닐 수 없다.

번식의 효율을 높일 수 있는 기회는 또 있다. 수정된 알을 몸 밖으로 내놓느냐 아니면 몸 안에 품고 있느냐 하는 문제다. 체내수정을 하는 동물들의 대부분은 알들이 수정되자마자 몸 밖으로 내보낸다. 그리고 그들 중 상당수는 표표히 알 곁을 떠나버린다. 체외수정을 하는 동물들에 비할 바는 아닐지 모르지만, 이렇게 버려진 알들의 대부분 역시 다른 동물들의 먹이가 되고 만다. 그런 피해를 줄이기 위해 알에 단단한 껍질을 씌우기도 하고 독성물질을 발라놓기도 한다. 다른 동물들이 접근하기 어려운 곳이나 눈에 잘 띄지 않는 은밀한 곳에 알을 낳기도 한다.

그래도 안심이 안 되는 동물들은 알을 낳고 그 알에서 새끼가 깨어날 때까지 보호한다. 뻐꾸기처럼 남의 둥지에 알을 맡기는 몇몇을 제외하곤 새들은 모두 자기가 낳은 알들을 오랫동안 보호한다. 곤충들 중에도 알을 보호하는 것들이 제법 많은 데, 여기에는 적지 않은 시간과 노력이 필요하다. 만일 알을 보호할 필요가 없다면 그만 한 시간과 노력을 알을 더 많이 낳는 데 쓸 수 있다. 나는 1980년대 중반 파나마에서 다듬이벌레의 번식행동에 대해 연구한 적이 있다. 다듬이벌레로는 드물게 알을 품는 종이었다. 하지만 모든 암컷이 언제나 알을 품는 것은 아니었다. 주변에 알을 공격하는 노린재들이 있을 때에는 열 개 남짓한 알들을 낳곤 그 위에 명주실과 같은 섬유질을 분비하여 엉성하게나마 얼개를 친 다음 그 알들이 모두 부화할 때까지 품는다. 그러나 노린재들이 출몰하지 않는 지역의 암컷들은 한 번에 그저 대여섯 개의 알들을 놓고 그 위를 섬유질로 두툼하게 덮은 다음 또 다른 곳으로 알을 낳기 위해 떠난다. 노린재만 없다면 알을 돌보지 않는 전략이 번식을 더 많이 하도록 도와줄 것은 너무나 당연하다.

아무리 해도 쉽사리 박멸되지 않는 바퀴벌레는 매우 다양한 번식전략을 갖고 있다. 요즘 우리 가정에서 골머리를 앓고 있는 독일바퀴벌레는 알들을 그냥 아무 곳에나 낳는 게 아니라 여러 개의 알들을 긴 알집에 넣어 꽁지에 매달고 다닌다. 언젠가 KBS의 〈환경스페셜〉에서 확실하게 보여준 것처럼 독일바퀴벌레 암컷들은 살충제에 쏘여 죽게 되면 본능적으로 알집을 자기 몸으로부터 떼어낸다. 독소가 알집에 전달되는 것을 막기 위한 적응행동으로 보인다. 비록 어미는 죽을망정 알집 속의 알들은 얼마 후 별탈 없이 모두 작은 바퀴벌레가 되어 기어나온다. 이 같은 어미의 정성이 오늘날 바퀴벌레를 지구상에서 가장 성공한 동물들 중의 하나로 만든 것이다.

그런데 바퀴벌레들 중에는 알들을 알집에 넣어 매달고 다니는 것도 안심이 되지 않아 아예 몸속에 넣고 다니는 종들도 몇 있다. 몸 안에서 부화시켜 바로 새끼를 낳는데, 곤충치곤 아주 별난 곤충이다. 자연계에는 이런 지극정성을 보이는 암컷들이 또 있다. 바로 우리를 비롯한 포유동물의 암컷들이다. 한때 이 지구생태계를 호령하던 파충류와 공룡들을 몰아내고 가장 막강한 존재로 등장한 포유동물의 성공 뒤에는 암컷들의 눈물겨운 희생이 있었다. 수정란을 몸 밖에 내놓고 품고 있거나 알집에 넣어 매달고 다니는 것에 비해 아예 몸속에 넣고 다니는 것처럼 확실한 방법이 또 어디 있으랴. 이렇게 해서 임신이라는 것이 생겨났다. 그러나 바로 이 숭고한 결정이 훗날 포유류 암컷들의 한 많은 삶의 시작일 줄이야 어찌 알았겠는가. 임신은 물론, 그와 더불어온 수유, 즉 젖을 먹이는 행동은 수컷들을 번식의 의무로부터 상당 부분 해방시켜주는 결과를 낳았던 것이다.

입덧과 월경

만삭의 배를 앞으로 내밀고 숨을 헐떡이는 임산부의 고충은 진정 겪어보지 않으면 알 수 없으리라. 아름다움을 생명처럼 소중하게 여기는 여인들에게는 수치심의 무게도 만만치 않아 보인다. 그러나 여러 해 전 미국의 유명한 여배우 데미 무어는 "임신한 몸도 아름답다"며 남산만 한 배를 드러낸 전라의 모습으로 《배니티페어(Vanity Fair)》라는 잡지의 표지모델을 자청했다. 전 세계 많은 남성들이 고개를 끄덕였을 줄로 안다.

임신한 몸만 아름다운 게 아니라 임신 그 자체가 아름답다고 입술에 침 바른 소리를 해댄 사람들도 역시 남성들이었으리라. 왜냐하면 임신을 한번이라도 해본 경험이 있는 여성이라면 그게 늘 아름다운 것만은 아니라는 걸 잘 알고 있기 때문이다. 임신 9개월을 세 기간으로 나눠볼 때, 중간에 낀 3개월 동안에는 그 무거운 몸이 오히려 날아갈 듯 가볍게 느껴질 정도로 편안하기도 하다지만, 처음과 마지막 3개월은 개인에 따라 정도의 차이는 있어도 거의 지옥과도 같은 시간이라고 한다. 첫 3개월 동안 겪는 입덧만 해도 그렇다. 아이를 배고 낳는 일이 진정 아름답고 숭고한 일이라면 신은 어찌하여 여성들에게 그렇게 견디기 힘든 고통을 안겨준 것일까?

남들에 비해 유별나게 심한 입덧을 하던 안사람을 바라보며 안타까워하던 기억이 지금도 생생하다. 냄새가 역겨워 먹을 것이라곤 방 안에 들여오지도 못하다가 우연히 건네준 배를 넙죽넙죽 받아먹는 걸 보고 얼마나 반가웠는지 모른다. 하지만 그런 반가움은 잠깐이었다. 안사람이 좋아한 배는 닉슨 대통령 얼굴을 닮은 표주박 모양의 미국 배가 아니라 동그란 동양 배였다. 금값에 가까울 정도로 비싼 것은 그렇다 치더라도 보스턴 시내를 죄다 뒤져도 도무지 구할 수가 없었다. 사방에 특별주문을 한 뒤 들어왔다는 통보를 받기만 하면 번개같이 달려가 싹쓸이를 하곤 했다. 배를 사러 뉴욕의 한인 가게들로 왕복 10시간 차를 몰기도 몇 차례씩 했다. 포유동물의 임신은 왜 이렇게 힘들어야 하는 것일까?

이에 대한 해답은 흔히 젊은 천재들을 위한 상이라 부르는 맥아더상을 수상한 여성 생물학자 프라펫(Margie Profet)으로부터 나왔다. 프라펫은 입덧이 병리학적 현상이 아니라 산모로 하여금 음식을 가려 먹어 태아가 독소에 노출되는 것을 최소화할 수 있도록 진화한 적응현상이라고 설명했다. 이 이론은 훗날 미시건 대학 인류학과 베벌리 스트라스만(Beverly Strassmann) 교수가 나름 상당한 증거자료를 분석해 반박했지만 충분히 음미해볼 만한 이론이라 생각해서 여기 상세히 소개한다.

임신 초기의 몇 주 동안은 태아가 산모에게 그다지 큰 영양 부담이 되지 않는다. 건강한 산모라면 좀 못 먹어도 문제는 없다. 산모들은 대체로 독성을 함유했을 가능성이 높은 향이 강하거나 냄새가 심한 음식을 피하고 순한 음식을 선호한다. 입덧을 겪지 않은 산모들이 유산을 하거나 질병을 가진 아이를 낳는 확률이 높다는 관찰결과가 이 이론을 뒷받침한다. 지금도 아들에 대한 사랑이 남다른 아내를 보며 임신 중의 그 모든 고생도 결국 아들을 위한 것이었구나 생각하면 모성애의 깊이를 남자가 어찌 알 수 있으랴 싶다.

여성들이 외부로부터 들어오는 좋지 않은 물질에 대비하여 준비한 또 다른 적응 중의 하나가 바로 월경이다. 인류역사를 통하여 월경은 불결하고 불경스러운 일로 간주되어 지금도 몇몇 원시종족 사회의 여성들은 월경기간 동안 마을에서 쫓겨나 혼자 지내야 한다. 현대의학에서도 오랫동안 월경을 손실로만 해석했다. 그러나 프라핏은 월경에 대한 우리의 다분히 부정적인 인식을 긍정적이고 능동적인 것으로 바꿔놓았다.

그에 따르면, 월경은 정자와 함께 들어오는 해로운 세균과 바이러스로부터 자궁과 나팔관을 보호하기 위하여 진화한 적응현상이다. 여성과 남성의 생식기가 기능 면에서 서로 다르다는 것은 구태여 말할 나위도 없지만 설계 면에서도 상당히 다르다. 남성 생식기의 일부는 배뇨관의 기능도 담당한다. 따라

서 배설기능이 외부로부터 침입하는 병원균을 씻어내는 방어
기능도 겸한다. 그러나 여성의 경우에는 요도와 질이 분리되
어 있기 때문에 방어기능은 별도로 풀어야 했고, 월경이 바로
그 해결책이 되었다.

월경에는 두 단계가 있다. 첫 단계는 병원균이 잠입하여 증식
할 가능성이 있는 자궁내벽을 벗겨내는 일이다. 그리고 두 번
째 단계에서는 혈액 속의 면역세포들을 운반하여 병원균을 죽
여 씻어낸다. 엄청난 양의 혈액은 물론, 조직세포, 철분, 그리
고 다른 많은 영양물질을 잃는 일을 일생 동안 임신기간을 제
외한 거의 매달 반복하는 것이 어떻게 진화적 적응일 수 있을
까?

하지만 월경혈은 순환혈에 비해 영양분은 훨씬 적은 반면 살
균능력은 월등한 것으로 밝혀졌다. 자궁에 염증을 일으키기
쉬운 삽입식 피임기구를 사용하는 여성들의 월경출혈량이 경
구피임약을 복용하는 여성들의 출혈량보다 훨씬 많다. 그리고
일정한 교미기간에만 성관계를 갖는 다른 포유동물들에 비해
수시로 잦은 성교를 즐기는 인간의 월경출혈량이 엄청나게 많
은 것도 좋은 증거가 된다.

몇 년 전부터 우리 대학생들은 월마다 하는 경사스런 일을 부

끄러워할 까닭이 없다며 월경페스티벌을 시작했다. 이제는 점차 월경이 당당하고 아름다운 일이라는 인식이 늘어가고 있는 것은 바람직하지만, 현대 여성들의 잦은 달거리가 건강에 그리 좋은 것은 아닌 것 같다. 예전 석기시대 소녀들은 아마 15세 또는 그 후에야 초경을 경험했을 것이다. 그러나 초경은 늦어도 첫 임신은 대부분의 현대 여성들에 비해 훨씬 빨랐을 것이다. 아이에게 지금보다 훨씬 오래 젖을 빨려 임신 터울이 길었겠지만 완경이 되는 40대 중반까지 줄잡아 너댓 번의 임신을 했을 것이다. 그리고 나머지 기간의 상당 부분 동안 젖을 물렸을 것으로 계산하면 그들이 겪은 달거리는 아마 150회를 넘지 않았을 것이다.

이에 비해 현대 여성들은 고단위 음식의 섭취로 인하여 초경을 훨씬 일찍 경험하고 첫 임신 연령도 늦어지며 아이도 적게 낳거나 아예 낳지도 않는다. 아이에게 젖을 빨리지 않는 여성들은 곧바로 월경주기를 시작한다. 농경을 하게 되며 곡류를 갈아 이유식으로 쓸 수 있게 되어 젖을 일찍 떼게 되었다. 이런 이유들로 인해 현대 여성들은 일생 동안 평균 300 내지 400회의 달거리를 경험한다. 석기시대 여성들에 비해 무려 두세 배에 달하는 달거리를 겪는 셈이다. 이처럼 엄청나게 늘어난 달거리의 횟수가 여성암의 증가와 무관하지 않을 것이라는 연구결과가 나왔다. 유방암, 자궁암, 난소암 등의 발병률이 저

개발국보다 선진국에서 훨씬 높다는 점도 현대 여성들의 비정상적 생식활동과 관련이 있어 보인다. 그렇다고 해서 이런 연구결과들을 바탕으로 여성들에게 가능하면 일찍 결혼하여 쉴 틈 없이 아이를 낳으라고 권유하는 것은 물론 아니다. 다만 이러한 문제들을 보다 진화적인 관점에서 분석하여 현대 여성들의 달거리 횟수를 줄여줄 수 있는 방법을 모색해야 할 것이다.

임신,
그 아름다운
모순

동서를 막론하고 많은 여성들이 아이를 낳을 때 남편 욕을 질펀하게 해대기도 하는 걸 보면 임신이 그렇게 아름다운 경험만은 아니라는 걸 알게 된다. 또한 하나의 생명을 잉태하는 고귀함을 지나치게 강조하는 걸 봐도 어딘지 수상하다는 느낌이 든다. 이 같은 의심에는 다 그럴 만한 진화적 근거가 있다는 연구결과가 있다. 내가 하버드 대학에서 미시건 대학으로 자리를 옮기려던 무렵, 영국 옥스퍼드 대학에서 하버드로 옮겨온 헤이그(David Haig) 박사는 임신에 대한 기존의 관점을 완전히 뒤바꿔놓았다.

그에 따르면 산모와 태아는 종전에 우리가 생각했던 것처럼 서로 돕고 아껴주는 관계가 아니라 서로를 견제하는 갈등관계에 놓여 있다는 것이다. 그도 그럴 수밖에 없는 것이 산모와 태아는 사실 유전자의 절반만 공유하는 사이이기 때문이다. 산모의 입장에서 보면 자신의 몸속에서 자라는 그 작은 생명이 온전하게 자신의 유전자만을 가지고 있는 것이 아니다. 절반은 자신의 것이 분명하나 나머지 절반은 엄연히 남의 것이다. 유전자를 절반밖에 공유하지 않은 두 생명체 간에 어느 정도의 갈등이 발생할 것은 너무나 당연한 일이다. 다만 불행한 것은 지극히 미미한 이해관계의 차이가 엄청난 갈등을 불러일으킬 수 있다는 점이다.

인간의 임신과정을 잠시 살펴보면서 어떻게 이 같은 갈등이 발생할 수 있는지 알아보기로 하자. 여성의 질 깊숙이 사정된 정자는 좁은 자궁경부를 통과한 후 자궁을 거쳐 긴 나팔관을 거슬러오르는 험한 여정을 시작한다. 나팔관의 상류에 이르렀을 때 때마침 배란이 된 난자가 있으면 수정이 일어난다. 수정된 난자는 곧바로 세포분열을 일으키며 나팔관을 따라 자궁으로 내려온다. 수정란이 자궁에 들어설 때가 되면 세포분열이 상당히 진전되어 포도송이와 같은 모습을 갖춘다. 상실배(morula)라고 부르는 이 세포덩어리에는 이내 액체로 채워진 내부 공간이 생긴다. 배낭(blastocyst)이라 부르는 바로 이 단계에서 자궁내벽에 착상이 이뤄진다. 수정된 지 약 5~6일째 되는 때이다.

착상과정은 우리가 상상하던 것과는 달리 결코 아름답지 못하다. 산모가 미리 마련해둔 포근한 주머니를 열며 '아가, 어서 들어오너라' 하는 걸 상상했다면 천만의 말씀이다. 영양아층(trophoblast)이라 부르는 얇은 세포층을 앞세우고 그야말로 무자비하게 파고든다. 불임여성의 상당수가 바로 이 착상과정에 문제를 안고 있다. 배낭은 배낭대로 살아보겠다고 악착같이 매달리는 작은 생명체처럼 보이고, 산모는 산모대로 때로는 탐탁치 않은 배낭을 매몰차게 내차는 것인지도 모른다. 아무리 봐도 서로 돕고 아껴주는 관계 같아 보이지 않는다.

자궁내벽에 성공적으로 침투한 배낭은 제일 먼저 영양아층을 문어발처럼 펼치곤 산모의 피를 긁어모은다. 그래서 임신 2주일경이 되면 배아의 앞에는 피의 호수들이 즐비하게 늘어선다. 바로 이때 배아가 분비하는 인간융모성성선자극호르몬(hCG)이 바로 우리가 임신 여부를 검사하는 데 사용하는 호르몬이다. 산모의 혈액 속에서 이 호르몬이 검출되면 배아가 자궁내벽에 성공적으로 착상되었다는 걸 알 수 있다.

이 호르몬은 산모의 호르몬과 결합하여 월경을 막고 임신을 지속시킨다. 수정란의 78%가 아예 착상이 되지 않거나 임신 초기에 자연유산이 되는 걸로 알려져 있다. 산모는 이 호르몬의 분비량에 따라 배아가 정상인지 비정상인지를 가려 필요하다면 유산을 시킬 수 있다. 배아는 산모에게 자신의 건강함을 알리기 위해 이 호르몬을 다량 분비해야 한다. "건강하게 자랄게요. 제발 저를 포기하지 말아주세요"라고 부르짖는 배아의 아우성이다.

배아는 또 인간태반성락토겐(hPL)이라는 호르몬을 분비한다. 이 호르몬은 산모의 혈류 속의 인슐린과 결합하여 혈당량을 증가시킨다. 인슐린은 원래 혈액 속의 당분을 간에 저장하게 만들어 혈당량을 줄이는 역할을 한다. 그런데 hPL이 인슐린의 손발을 묶어버리기 때문에 산모의 간은 저장해두었던 당분을 자꾸 혈액 속으로 내놓게 되고 그걸 배아가 계속 빨아당기는 것이다. 산모는 배아의 이 같은 이기적인 행동에 맞서 인슐린을 더 많이 분비한다.

그러면 배아도 질세라 더 많은 hPL을 분비한다. hPL은 여성의 몸에 정상적으로 존재하는 호르몬이지만 임산부의 몸속에서는 정상 수치의 무려 천 배 가까이 늘어날 수 있다. 배아가 지나치게 성공적이어서 산모가 미처 충분한 인슐린을 만들어내지 못하면 결국 산모는 임신성 당뇨병까지 앓게 된다. 당뇨병은 산모에게 치명적일 수 있고 결과적으로는 배아에게도 해가 된다. 하지만 배아에게는 스스로 자제할 능력이 없어 보인다. 배아는 산모로부터 조금이라도 더 받아내려 하는 반면, 산모는 그런 배아의 이기적인 행동에 똑같이 단호하게 대처한다. 아무리 봐도 서로 아끼고 도와주는 관계는 아닌 것 같다.

부모와 자식 간의 갈등에 관해서는 이미 오래전에 진화생물학 이론이 제기되었다. 헤이그 박사는 우리가 마냥 아름답게만 여겼던 임신과정에도 갈등이 존재한다는 걸 보여주었다. 태아에게 돌아가는 이득은 무엇이든 태아의 유전자 전부를 돕는다. 그러나 산모의 관점에서는 태아에게 가는 이득이 자신의 유전자의 절반만을 도와주기 때문에 산모가 생각하는 최적의 수준은 태아가 생각하는 최적의 수준보다 적을 수밖에 없다.

산모는 또 너무 큰 아기를 낳을 경우 발생할 수 있는 위험도 염두에 둬야 한다. 태아 역시 산모로부터 얻어낼 수 있는 자원은 무엇이든지 받아내되 훗날 자신을 길러줄 능력이나 친형제자매 또는 이복형제자매들을 길러줄 능력을 지나치게 위태롭게 하지 않으면서 자신의 이득을 극대화한다. 따라서 산모의 자궁 속에서는 늘 갈등과 그 갈등을 다스리려는 끊임없는 타협이 계속된다.

5

누가
둥지를
지킬 것인가

아이를 돌보는 건 언제나 엄마인가

나는 어릴 때부터 아이들을 무척이나 좋아했다. 명절 때 온 집안 식구들이 한데 모이면 아이들을 돌보는 일은 언제나 내 몫이었다. 그래서 장가를 들면 아이를 여럿 낳을 생각이었다. 아들 4형제 집안에서 커서 그랬는지 모르지만 아이를 넷은 기르고 싶었다. 그것도 순서까지 정해놓았다. 그렇다고 내게 딸과 아들을 골라 낳을 수 있는 재주가 있는 것은 아니었지만 나 나름대로 희망하는 순서도 있었다.

나는 어려서 누나가 있는 친구들을 무척이나 부러워했다. 어머니를 제외하곤 모두 남자뿐인 삭막한 집안 분위기 때문인지 내게도 누나가 있다면 얼마나 좋을까 생각하곤 했다. 그래서 대학 시절에는 누나를 사귀어 따라다니기도 했다. 그런 '슬픈' 과거 때문에 나는 내 아들에게는 반드시 누나를 만들어줘야겠다고 생각했다. 당연히 첫째는 딸이어야 했다. 명색이 집안의 장손인데 아들을 빨리 낳지 않으면 어르신들이 불안해하실 것 같아 둘째는 아들로 결정했다. 외아들이면 또 불안해하실 테니 아들을 하나 더 낳는 게 좋을 듯싶었다. 막내는 무조건 딸이어야 했다. 그 귀여운 막내딸에게 그저 마냥 져주고만 싶었다. 떡 줄 사람은 꿈도 꾸지 않는데 혼자서 김칫국부터 마신 격이었다.

미국 유학 시절에 만나 결혼한 안사람은 지극히 현대적인 여성이다. 나의 시대착오적인 가족계획을 이해해줄 리 없었다. 하지만 가족계획의 환상을 먼저 깨버린 것은 나 자신이었다. 뒤늦게 공부의 맛을 알게 된 나는 자식부양의 임무를 가능한 한 오랫동안 피하려 했다. 박사학위를 거의 마칠 무렵 안사람과 나는 더 늦으면 영영 자식을 가지지 못할 것 같아 다분히 계획적인 잠자리를 갖기 시작했다.

안사람은 마치 기다렸다는 듯이 곧바로 임신을 했고, 그 결과 아이는 내가 학위논문을 미처 끝내기도 전에 우리 삶에 뛰어들었다. 주위에 친척이라곤 없는 먼 이국땅에서 논문을 쓰며 아이를 기르는 일은 결코 쉽지 않았다. 결국 나는 안사람에게 둘째 아이를 가지면 내가 먼저 도망을 가겠다는 선언을 하고 말았다. 딸아들아들딸 순으로 넷을 낳겠다던 내 꿈은 그렇게 간단히 현실의 제물이 되고 말았다.

아들이 아주 어렸을 때에는 잠시 학업을 중단하고 있던 안사람이 아이와 더 많은 시간을 보냈다. 그러나 아들이 세 살 반이 될 무렵, 안사람이 다시 학교로 돌아간 이후로는 내가 더 많은 시간을 보내야 했다. 아직 대학원생이었던 안사람보다는 교수인 내가 훨씬 더 자유롭게 내 시간을 조정할 수 있었기 때문에 어린이집으로 데려가고 데려오는 일을 비롯하여 아이를 돌보는 많은 일들을 상당 부분 내가 맡게 되었다. 아침마다 어린이

집에서 울며불며 떨어지지 않으려는 아들을 겨우 달래놓고 연구실에 돌아오기가 무섭게 어린이집 선생님으로부터 전화가 오곤 했다. 아들은 그 당시 어린이집보다 내 연구실이 있던 자연사박물관을 더 좋아했다. 박물관에 전시되어 있는 온갖 신기한 동물 표본들과 실험실 곳곳에서 기르던 뱀이나 개구리 등을 보고 주무르는 걸 훨씬 더 좋아했다.

한국에 돌아와 안사람이 지방 대학의 교수가 된 후로는 또다시 내가 거의 엄마의 역할을 하게 되었다. 이런 연유로 아들은 지금도 질적으로 더 깊고 다정한 관계는 물론 엄마와 나누지만 통상적으로 해야 할 일은 으레 아빠가 하는 걸로 알고 있다. 나는 아들과 보내는 시간을 꽤 즐기는 편이다. 다만 내가 점점 전형적인 잔소리꾼 엄마가 되어가는 것 같아 서운할 따름이다. 엄한 아버지 밑에서 큰 나는 정말 물렁팥죽 아빠가 되고 싶었다. 그러나 아들을 가끔씩밖에 못 보는 안사람이 자연스레 물렁팥죽 아빠의 자리를 채가고, 나는 매일 아들과 이마를 맞대고 사는 관계로 날이 갈수록 잔소리만 느는 엄마의 역할을 맡아버렸다.

두루 자연계를 둘러봐도 새끼를 돌보는 것은 대개 암컷이다. 새끼를 한동안 뱃속에 담고 있고 또 태어나면 젖을 먹여 키워야 하는 포유동물들은 말할 나위도 없거니와 다른 동물들에서도 암컷이 새끼를 돌보는 경우가 절대적으로 흔하다. 물론 알을 낳고 어미가 사라져버리는 동물들도 무수히 많다. 많은 해양동물들이 그렇고 대부분의 곤충들이 그렇다. 바다거북 어미도 바닷가 모래 속에 알들을 낳고는 다시 먼바다로 떠나버린다. 나중에 혼자 힘으로 알에서 깨어난 새끼들은 역시 혼자의 힘으로 바다로 나가 새 삶을 개척한다. 그러다 보니 많은 새끼들은 태어나자마자 다른 동물들의 먹이가 되고 만다. 이처럼 대부분의 동물들은 새끼를 전혀 돌보지 않는다.

한꺼번에 많은 자식을 낳는 것은 아니지만 효율적인 보호와 양육 덕에 엄청난 성공을 거두고 있는 동물들이 적지 않다. 우리 인간이 대표적이다. 새끼를 보호하는 동물들 중에는 알만 보호하는 것들이 있다. 알에서 새끼가 깨어날 때까지만 보호하는 것들인데 많은 곤충들과 거미들이 여기에 속한다. 몇몇 곤충들과 거미들은 알에서 깨어난 새끼들이 자립할 때까지 돌본다. 평판이 별로 좋은 동물은 아니지만 전갈 중에는 자기 새끼들을 등에 업어 키우는 것들이 있다. 전갈 어미는 어린 새끼들을 죄다 등에 업고 다니다가 좋은 지역에 풀어놓기도 하고 조금이라도 수상한 낌새를 차리면 다시 등에 태운 다음 안전한 곳으로 숨는다.

흔하지는 않지만 자연계에도 수컷이 새끼를 돌보는 예들이 심심찮게 발견된다. 예전에는 마을 연못에서도 흔하게 볼 수 있었지만 이제는 발견되면 신문에 날 정도로 귀해진 물자라라는 곤충은 수컷이 새끼를 기르는 동물로 잘 알려져 있다. 널찍한 등 가득 알을 짊어진 채 안전하고 산소가 많은 곳을 찾아다니는 것은 엄마가 아니고 아빠다. 흥미로운 것은 물자라 수컷은 한 암컷에게서 모든 알들을 다 받는 것이 아니라 등이 꽉 찰 때까지 이 암컷 저 암컷과 짝짓기를 하여 알을 모은다. 배다른 자식들을 모두 모아 정성스레 키우는 것이다.

체외수정을 하는 동물들은 대체로 새끼를 돌보지 않는다. 그럴 만한 여건이 되질 않는다. 그나마 몇 안 되는 자식 양육의 경우를 보면 거의 예외 없이 수컷들이 키운다. 암컷들은 알을 뿌려놓고 사라진 지 오래고 그 위에 정액을 뿌리던 수컷들 중 일부가 양육의 부담까지 떠맡게 된 것으로 보인다. 열대에 사는 독침개구리 수컷들도 물자라 아빠들처럼 알을 등에 업고 다닌다. 아빠가 혼자 자식을 돌보는 것은 물고기의 경우에 특별히 자주 관찰된다. 몇 년 전 소설로도 크게 알려진 가시고기 역시 아빠가 자식을 돌보는 대표적인 물고기이다. 가시고기는 또한 내가 전공하는 동물행동학에서는 그야말로 전설적인 존재로 현대 동물행동학의 창시자 중의 한 사람인 틴베르헨 (Niko Tinbergen) 박사가 평생토록 연구한 동물이다.

나도 개인적으로 숙명적인 인연을 갖고 있는 동물이다. 나는 사실 유학을 가기 전까지는 동물행동학이란 학문이 있는 줄도 몰랐다. 그런데 서울대학교에 돌아와 동물행동학을 강의하기 시작한 어느 날 학생들이 가시고기는 우리나라에도 서식한다고 말해주었다. 부끄럽게도 나는 가시고기가 우리나라에 산다는 것도 몰랐다. 어디에 사느냐고 물었더니 가장 대표적인 서식지로 학생들이 내게 얘기해주는 곳은 다름 아닌 내가 어려서 멱을 감던 고향의 냇물이었다. 지금은 강릉 비행장 속으로 들어가버렸지만 예전에는 할아버지의 논이 있던 들판을 흐르던 냇물이다. 어려서 발가벗고 함께 놀던 그 물고기를 대표적으로 연구하는 학문에 훗날 내가 발을 담그게 됐다는 것이 왠지 숙명처럼 느껴진다.

봄이 오면 가시고기 수컷들은 화려한 혼인색을 띠며 지푸라기 등을 모아 터널 모양의 둥지를 짓는다. 둥지가 다 완성되면 현란한 춤솜씨를 앞세워 암컷을 유혹하기 시작한다. 관심을 보이는 암컷에게 주둥이로 연신 둥지 입구를 가리키며 그 안에 알을 낳아달라고 애걸한다. 하지만 암컷이 일단 둥지 안에 알을 낳고 나면 언제 그랬느냐는 듯이 매정하게 쫓아낸다. 그리곤 또 다른 암컷을 찾아나선다. 물자라 수컷과 마찬가지로 둥지 가득 알이 차도록 여러 암컷들과 짝짓기를 한다. 기왕에 집에 앉아 애를 보는데 한꺼번에 여럿을 길러내겠다는 의도처럼 보인다. 가시고기 아빠는 둥지 안의 알들이 다 부화될 때까지 지느러미를 움직여 산소를 공급한다.

몸의 구조상 직접 아이를 배거나 젖을 빨게 할 수는 없지만, 우리 사회에도 자식을 기르는 일에 적극적으로 참여하고 싶어 하는 남성들이 늘고 있다. 요즘 함께 나들이를 하는 젊은 부부들을 보면 아이는 대개 아빠들이 안고 다닌다. 아이를 등에 업고 보따리까지 든 채 뒷짐 지고 헛기침하며 저만치 앞서 걸어가는 남편의 뒤를 헐레벌떡 쫓아가던 예전 여인네들의 모습은 더 이상 보기 어렵다. 우리 사회도 이젠 아빠들도 아이를 기르는 데 적극적으로 참여할 수 있도록 제도를 마련해야 할 것이다.

남녀평등 이룩한
새들의 사회

옛말에 "백지장도 맞들면 낫다"고 했다. 그래서 자연계에도 암수가 함께 자식을 키우는 동물들이 있다. 곤충 중에는 쇠똥구리와 송장벌레가 대표적이다. 요즘엔 참 보기 힘든 곤충이지만, 쇠똥구리는 소나 말 같은 큰 초식동물의 똥을 둥글게 말아 땅속에 파묻고 그 안에 알을 낳는다. 송장벌레는 새나 쥐같이 비교적 몸집이 작은 동물의 시체를 역시 땅속에 묻고 그 안에 알을 낳는 곤충이다. 둘 다 혼자서 하기에는 힘에 부치므로 대개 암수가 힘을 합쳐 함께 자원을 확보한 뒤 짝짓기를 하고 알을 낳아 기른다.

부부가 함께 자식을 기르는 대표적인 동물은 역시 새들이다. 새들의 세계에서 엄마나 아빠가 혼자 자식을 기르는 예는 거의 없다. 둥지에 알을 놔둔 채 먹이를 구하러 나가는 일은 절대적으로 위험하기 때문이다. 하다못해 동성애자 부부가 함께 자식을 돌보는 경우는 있을망정 홀어머니 또는 홀아비는 사고가 난 경우를 제외하곤 거의 찾아볼 수 없다. 갈매기를 연구하는 사람들은 가끔 별나게 많은 알이 들어 있는 둥지를 발견하곤 한다. 대체로 평균의 두 배 정도로 많은 알이 들어 있다. 조사해본 결과 레즈비언 부부라는 사실이 밝혀졌다. 각각 다른 수컷들과 짝짓기를 하여 알들을 낳고 함께 기르고 있었던 것이다.

갈매기는 거의 완벽한 수준의 일부일처제를 실행하는 동물이다. 갈매기 부부의 하루일과를 지켜보면 정확하게 12시간씩 집안일과 바깥일을 나누어 한다. 교대로 한 마리는 밖에 나가 먹이를 물어오고 그동안 다른 한 마리는 둥지에 앉아 알을 품는다. 또한 갈매기는 평생을 해로하는 동물로 잘 알려져 있다. 겨울엔 따뜻한 지방으로 이주하여 암수 구별 없이 자유롭게 배불리 먹고 지내다가 번식기가 되면 다시 조상 대대로 자식 농사를 짓던 지역으로 돌아온다.

먼저 도착한 갈매기는 작년에 살을 맞대고 함께 자식을 길렀던 배우자를 찾느라 '끼억, 끼억' 울어댄다. 일찍 짝을 찾은 부부들은 벌써 둥지를 틀고 알을 낳기 시작했는가 하면, 늦게까지 목 놓아 연인을 찾는 갈매기들도 있다. 갈매기는 워낙 먼 길을 이주하는 동물이라 험한 여정에 목숨을 잃는 경우가 허다하다. 영영 돌아오지도 못할 연인을 목이 메도록 불러대는 갈매기들은 진정 동물계 제일의 순정파들이다.

그러나 이런 갈매기들도 이혼을 한다는 연구결과가 있다. 캘리포니아 대학 핸드(Judith Hand) 교수 연구진의 관찰에 의하면 네 쌍 중 한 쌍이 일 년을 넘기기 무섭게 갈라선다고 한다. 미국에서는 요즘 두 쌍 중 하나꼴로 이혼을 하고 우리나라에서도 이젠 세 쌍 중 한 쌍이 이혼을 한다니 캘리포니아 갈매기들의 이혼율도 만만치 않은 셈이다. 갈매기들의 이혼은 간단하다. 우리들처럼 온갖 서류들을 작성하고 도장을 찍어야 하는 것이 아니라 이듬해에 서로를 찾지 않으면 그만이다. 이혼 사유는 대개 지난해 함께 자식을 키워보니 마음이 너무 맞지 않더라는 것이다.

갈매기 부부는 집안일과 바깥일을 서로 교대할 때 덕수궁 수문장 교대 뺨칠 정도로 요란한 교대식을 거친다. 이혼한 갈매기 부부의 지난해 행동을 분석해보니 교대식이 유난히 길고 시끄러웠단다. 서로 위험한 바깥일은 덜 하려 하고 집에 더 있겠다며 버티는 바람에 늘 다퉜다는 얘기다. 아이를 보는 일일랑 서로에게 떠맡기고 그저 밖으로만 나가려는 요사이 맞벌이 부부들과는 정반대이다.

요즘 우리 사회에도 이혼이 엄청나게 늘고 있는데, 다른 나라들의 경우와 비교할 때 좀 특이한 점이 하나 있다. 이름하여 황혼이혼이 상당히 많아졌다는 것이다. 자식을 기를 때는 자식의 앞날을 위해 희생을 감수하다 자식들이 다 출가를 하고 나면 기다렸다는 듯이 갈라서는 부부가 적지 않다고 한다. 번식기 중간에 이혼을 단행하는 갈매기들은 거의 없는 것 같다. 그들에게도 새끼를 기르는 일은 그만큼 중요하다는 뜻이리라. 차이가 있다면 그들에게는 새끼를 길러 둥지에서 날려보내는 기간이 불과 1년인데 비해 우리는 몇십 년을 기다려야 한다는 것이다.

이웃나라 일본과 우리는 결혼에 얽힌 문화 면에서 상당한 차이를 보인다. 우리나라에서는 원앙새를 금슬이 좋은 부부의 상징으로 여긴다. 늘 암수가 함께 다니는 원앙은 겉으로 보기에는 정말 부부 간에 금슬이 좋아 보인다. 그러나 최근 동물행동학자들의 연구에 의하면 원앙을 비롯한 오리와 거위 같은 새들의 수컷들은 겉으로는 일부일처제를 유지하는 것처럼 보이지만 실제로는 일부다처제의 이득을 취하는 것으로 밝혀졌다. 어떤 의미로는 은밀하게 바람을 피는 다른 새들보다 훨씬 더 뻔뻔한 수컷들이다. 아내와 함께 유유히 헤엄을 치다가도 혼자 있는 암컷을 보면 아내가 뻔히 보는 앞에서 거리낌 없이 겁탈하려 덤벼들기 일쑤다. 아무리 봐도 결코 금슬이 좋을 까닭이 없어 보인다.

일본에서는 신혼부부에게 영어로는 '비너스의 꽃바구니(Venus's flower basket)'라 부르는 바다 해면동물을 말려 선물로 주는 풍습이 있다. 전체가 섬세한 격자구조로 되어 있는 이 해면동물의 몸속에는 종종 새우 한 마리가 들어와 산다. 해면동물의 몸 안은 포식자로부터 보호도 되거니와 격자 틈새로 들어오는 미세한 먹이들도 손쉽게 구할 수 있어 작은 새우에게는 매우 안락한 삶의 터전이다. 그러나 새우는 탈피를 할 때마다 몸이 쑥쑥 크는 갑각류 동물이다. 격자문 안에서 안락한 생활을 얼마간 즐기다 보면 자신도 모르는 새에 몸집이 불어 어느 날부터는 더 이상 그 틈새로 드나들 수 없게 된다. 행복한 새장에 갇힌 새가 되고 마는 것이다. 비너스의 꽃바구니를 한자로는 해로동혈(偕老同穴)이라 부르지만, 남편이 벌어다 주는 돈으로 편안한 생활을 하다가 어느 날 갑자기 독립을 해야 할 때 그저 막막할 수밖에 없는 우리 사회의 여인들을 보는 것 같아 쓸쓸하다.

일본과 우리의 결혼 풍습을 비교하면서 나는 어쩌면 옛날 우리 할아버지들이 원앙 수컷의 비행에 대해 이미 잘 알고 계셨을지도 모른다는 생각이 든다. 일단 부인은 한 명은 확실하게 확보하여 구중심처 깊숙이 가둬둔 다음 호시탐탐 다른 여인들을 넘보신 것은 아닌가 의심해본다. 옛날 우리 할아버지들 중에는 마을 곳곳에 작은댁들을 두셨던 분들이 적지 않았다. 이에 비하면 일본 남성들은 훨씬 더 당당하고 어떤 의미로는 뻔뻔했던 것 같다. 일단 나와 결혼하면 내 집의 귀신이 되어야 한다는 뜻을 거침없이 표현하는 풍습처럼 느껴지니 말이다.

새들이라고 해서 암수가 모든 일을 정확하게 절반씩 나누는 것은 아니다. 효율만 생각한다면 그리 좋은 방법이 아니기 때문이다. 서로 자기가 더 잘하는 일을 찾아 분업을 하는 것이 훨씬 효율적이다. 동남아시아와 아프리카 열대림에 사는 코뿔새는 번식을 위한 암수의 역할이 확실하게 구별되는 동물이다. 번식기가 되면 암컷은 나무 구멍 속에 알을 낳고 들어앉는다. 일단 암컷이 알을 낳아 품기 시작하면 수컷은 구멍의 입구를 머리가 겨우 드나들 정도만 남기고 진흙으로 막아버린다. 그리곤 암컷을 위해, 또 새끼들이 태어나면 갑자기 불어난 가족 모두를 위해 열심히 먹이를 물어 나른다.

갈매기가 보기에는 코뿔새 수컷의 희생이 훨씬 더 커보일 것이다. 위험한 바깥일을 혼자 도맡아 하고 있으니 말이다. 하지만 구태여 먼 곳에서 비유를 찾을 필요도 없다. 바로 우리들이 그동안 유지해왔던 부부관계가 아니던가. 자식을 기르는 면에서 보면 코뿔새 부부의 분업전략이 훨씬 효율적일 수 있다. 그러나 나는 우리의 부부관계가 적어도 당분간은 이 같은 효율의 논리에 따라 움직일 것 같지 않다. 그보다는 정당성의 문제가 더 중요하게 여겨질 것이다. 여성시대의 새로운 부부관계는 코뿔새의 효율보다는 갈매기의 평등관계를 추구할 것으로 보인다.

내 아를 봐도?

사회현상이란 마치 시계추가 흔들리듯이 한동안 한쪽으로 치우쳤다가 시대가 바뀌면 급속하게 정반대 방향으로 움직여가기도 한다. 시계추가 합리성을 고려한답시고 갑자기 한가운데에 멈춰서는 법은 없는 것 같다. 그래서 나는 우리 사회의 부부관계가 갈매기 수준에서 급정거를 하기보다는 적어도 한동안은 이를테면 티티원숭이 수준까지 밀려갔다가 서서히 자리를 잡아갈 것으로 예측한다. 암수의 몸집에 거의 차이가 없는 티티원숭이의 세계에서는 수컷이 주로 아기를 업고 다닌다. 늘 나무 사이를 넘나들며 열매를 따먹고 사는데 하는 일은 대체로 비슷하기 때문에 힘이 더 센 수컷이 자연스럽게 일을 더 많이 한다. 우리 사회에도 이미 맞벌이를 하며 티티원숭이처럼 사는 부부들이 적지 않게 있으리라 생각한다.

여성을 대상으로 하는 방송 프로그램의 사회자들이 가장 많이 하는 질문이 있다. "남편이 잘해주세요?" 또는 "남편이 집안일을 많이 도와주시나요?"라는 질문이다. 나는 이 질문 자체에 이미 여성문제의 핵심이 들어 있다고 생각한다. 가정을 보살피는 일에 누가 누구에게 잘해주는 게 어디 있으며 도대체 누가 누구를 돕는다는 것인가. 함께 잘해야 하는 게 아니던가. 돕는다면 서로가 서로를 도와야 하는 것이지 일방적으로 도움을 주고 도움을 받는 관계는 그 설정 자체에 문제가 있다. 잘해주느냐 또는 많이 도와주느냐고 묻는다는 것은 집안일이 여성의 임무임을 전제로 하는 질문이다. 이제는 이런 질문에 "도와주다니요, 함께 잘하고 있습니다"라고 대답할 것을 권한다.

나는 집사람이란 호칭을 사용하지 않는다. 안사람이 지방 대학에 근무하던 시절에는 사실 오히려 내가 집을 지키는 사람이 되었기 때문이기도 하지만, 함께 일하는 마당에 누가 집을 지킨단 말인가. 우리말에는 안팎, 내외, 음양, 밤낮 등 어찌 보면 여성을 더 우대하는 듯한 표현이 아주 많다. 이들 표현은 기본적으로 자연적 또는 생물학적 성(sex)에 기초한다. 그러나 생물학적 성이 사회적 성, 즉 젠더(gender)를 의미할 수는 없다. 여성이 반드시 집사람일 까닭은 전혀 없다. 여성성과 남성성은 분명히 존재한다. 그러나 한 개인의 육체와 정신에는 여성성과 남성성이 모두 공존한다. 다만 정도의 차이가 있을 뿐이다.

이 점에 대하여 생물학자들은 언제나 양성을 명확히 구분한다고 생각하는 경향이 있는데, 그것은 자연을 지나치게 단순하게 바라보는 막힌 시각에서 나온 관점이다. 비교적 애매한 성을 가진 사람들의 발생과정을 오랫동안 연구해온 뉴질랜드의 유명한 성과학자 머니(John Money) 박사는 우리들 대부분은 여성적 또는 남성적 형질들이 절묘하게 조합된 개체들이라고 설명한다. 상당히 과격한 생물학자로 알려진 스털링(Ann Faust

Sterling) 박사는 우리 인간의 성이 완벽하게 두 개의 성으로 구별될 수 있다는 생각을 포기해야 한다고 주장한다.

자연계의 성이 반드시 암수 둘로 명확하게 구별되지 않는다는 사실은 식물학자들에 의해 잘 밝혀졌다. 대부분의 식물은 한 꽃 안에 암술과 수술들을 모두 가지고 있다. 동물과 달리 식물은 거의 모두 암수한몸 또는 남녀추니라는 말이다. 하지만 한 꽃 내에서 수정이 일어나는 경우는 극히 드물다. 암술과 수술이 시간차를 두고 발달하기 때문이다.

대부분의 꽃들에서 보면 우선 수술들이 먼저 자란다. 그래서 꽃가루를 다른 꽃들에게 떠나보내는 수컷의 역할로 삶을 시작한다. 준비한 꽃가루가 다 빠져나가면 수술들은 서서히 시들어 꼬부라진다. 대신 암술이 성숙하여 이제는 꽃가루를 받을 준비를 한다. 그렇다고 해서 한 지역의 모든 꽃들이 동시에 수컷 역할을 하다가 역시 동시에 암컷이 된다는 얘기는 아니다. 꽃이 피는 시기가 서로 다르기 때문에 너무 성급하게 시작한 몇몇 꽃들만 꽃가루를 낭비할 가능성이 있을 뿐 수컷과 암컷 꽃들이 늘 공존하게 마련이다.

우리는 흔히 자연계에는 꼭 두 개의 성만이 존재한다고 알고 있다. 적어도 식물들의 경우에는 시기적으로 두 개의 성만이 있는 게 아니라 무수히 많은 성들이 존재한다. 이른바 여성해방 운동이 활발하게 일어나던 1960년대 처음으로 이 연구를 시작한 식물학자들은 이 같은 식물의 성역할을 젠더의 개념으로 설명했다.

식물은 우선 아주 남성적인 젠더로 출발하여 시간이 흐름에 따라 서서히 남성성을 잃고 여성성을 발휘하기 시작한다. 그래서 궁극적으로는 다른 꽃들로부터 꽃가루를 전해 받아 품고 있던 씨들을 수정시켜 열매를 맺는 전적으로 여성적인 역할을 수행하게 된다. 식물학자들은 식물들의 이 같은 성적 변화를 정량적으로 표현했다. 어느 특정한 꽃의 성 또는 젠더를 시기에 따라 몇 퍼센트의 남성성과 몇 퍼센트의 여성성으로 기술했다. 정량적으로 얼마나 세밀하게 나누느냐에 따라 달라지겠지만 거의 무한대로 많은 성이 존재하는 것이다.

동물 중에도 살면서 성을 바꾸는 경우들이 있다. 산호초 주변에 떼를 지어 사는 바다 농어들 중에는 일생 동안 성전환의 기회를 얻는 개체들이 있다. 이들이 이루는 무리에는 언제나 수컷은 단 한 마리뿐이고 나머지는 모두 암컷들이다. 수컷은 다른 암컷들보다 몸집도 크고 행동도 훨씬 거칠다. 그리고 이 한 마리의 수컷이 모든 암컷을 상대로 짝짓기를 한다. 그러다 이 수컷이 늙거나 병들어 죽으면 암컷들 중에서 가장 서열이 높은 암컷이 불과 하루이틀 내에 수컷으로 돌변한다. 급격한 호르몬의 변화와 함께 암컷 생식기관이 퇴화하고 놀라운 속도로 수컷의 생식기관을 갖춘다. 이 같은 현상은 실험적으로도 여러 차례 입증되었다. 생물학자들이 관찰하던 한 무리에서 졸지에 수컷을 제거하기만 하면 이내 암컷들 중의 한 마리에서 자연적인 성전환 수술이 진행된다. 흥미로운 것은 식물의 경우와 달리 동물의 경우에는 먼저 암컷이 되었다가 나중에 수컷으로 변한다는 점이다.

그러나 번식의 순간에는 어느 동식물이건 단 두 개의 성만이 존재한다. 유전자를 전달하는 성과 그걸 받아 새로운 생명체를 탄생시키는 성으로 극명하게 나뉘어 있다. 다시 말하면, 값싼 배우자를 많이 만들어 가능한 한 여러 곳에 뿌리는 성이 있는가 하면, 보다 신중하게 소수의 배우자에 자원을 집중하는 성이 있다. 게임이론의 개념을 빌리면, 성에 관한 한 단 두 개의 순수전략만이 가능하기 때문이다.

그러나 개체의 수준에서는 이 두 순수전략을 서로 다른 비율로 섞어 다양한 복합전략을 취할 수 있다. 성(sex)은 분명히 둘로 나뉘어 있지만, 젠더(gender)는 반드시 둘일 필요도 없고 성과 언제나 정해진 관계를 가질 까닭도 없다. 영국의 소설가 이블린 워(Evelyn Waugh)가 말한 것처럼 "우리는 사람들을 어리

석게 두 성으로 나누는 대신 정적인 사람들과 동적인 사람들로 나누는 것이 더 현명할 것이다."

'나는 당신을 사랑합니다'의 경상도식 표현은 '내 아를 나아도'란다. 하지만 여성의 사회진출이 지금의 추세대로 증가한다면 언젠가는 이 표현이 '내 아를 봐도'로 변할지도 모른다. '내 아를 나아도'는 물론 남성이 여성에게 하는 사랑의 고백이지만 그 답변은 '내 아를 봐도'로 돌아올 것이라는 말이다.

2000년대로 접어들며 우리나라의 출산율은 세계 최저 수준인 1.3명꼴로 떨어졌다. 불과 몇십 년 전만 해도 산아제한을 국가적인 차원에서 반강제적으로 추진하던 우리 사회가 언제 이렇게 돌변했는지 눈이 휘둥그레질 지경이다. 출산율의 저하를 여성들의 사회진출 때문이라고 분석하는 이들이 있는데, 이는 지극히 평면적이고 사뭇 편파적인 분석이다. 아이를 낳아 기르는 데 드는 양육비가 엄청나고 보육시설이 턱없이 부족하기 때문에 일어나는 현상이다. 양육의 부담을 경제적, 육체적, 그리고 시간적으로 덜어줄 수 있는 사회적 여건만 마련되면 낳지 말라고 해도 낳을 것이다.

출산율이 저하되면서 우리 사회의 고령화가 가속화되는 심각한 문제가 생겼다. 여성문제는 고령화문제와 직결되어 있다. 고령화 시대에 생산인구가 짊어질 부양 부담을 줄이기 위한 방책으로 여성들의 사회진출을 적극적으로 장려해야 한다는 주장이 있지만, 보육 여건을 대폭 개선하지 않는 한 출산율의 급격한 저하로 인한 고령화의 가속화를 막을 방법이 없어 보인다. 이제 막 사회로 진출하기 시작한 여성들을 또다시 집안에 가두지 않는 한 보육 여건의 개선은 매우 시급한 문제이다. 이 두 거대한 사회문제는 반드시 함께 풀어야 할 성질의 것이다.

우리 정부도 1995년부터 여성 근로자가 300명 이상인 사업장에는 보육시설의 설치를 의무화했고 매년 새로운 지원책을 내놓고 있다. 아이를 직장보육시설에 맡기고 가끔 찾아보는 것이 결코 생산성을 저하시키는 게 아니라 오히려 향상시킨다는 연구결과는 벌써 여러 나라에서 나왔다. 우리보다 먼저 출산율 저하를 경험한 프랑스에서는 전체 보육시설에서 직장보육시설이 차지하는 비율이 20%나 된다. 우리나라도 어떤 형태로든 직장보육시설을 서둘러 대폭 늘려야 한다. 그렇지 않으면 원하든 원하지 않든 지금보다 훨씬 많은 남성들이 둥지를 지키며 '아'를 돌보게 될 것이다.

6

가르침과
배움의
생물학

동물도
가르치고 배운다

인간을 제외한 다른 동물들 중에 과연 "나는 무엇 때문에 태어났는가"를 고민하며 사는 동물이 있을까? 내가 아무리 동물들의 권익을 대변한답시고 '생명이 있는 것은 다 아름답다'고 주장하며 살지만, 자기 존재의 의미를 생각할 줄 아는 건 아무리 생각해도 우리 인간뿐인 것 같다. 우리는 진정 무엇 때문에 태어났고 무엇을 위해 사는 것일까?

일찍이 김상용 시인은 "왜 사냐건, 웃지요"라며 사뭇 야릇한 여운을 남겼지만 나는 서슴없이 "자식을 위해 산다"고 답한다. 이 무슨 엉뚱한 전근대적인 발상인가 싶겠지만 철저하게 생물학적인 답변일 뿐이다. 생물이란 모름지기 모두 번식을 위해 태어났다. 생물에게 존재의 이유는 오로지 자손을 퍼뜨리는 것이다. 생물이 무생물과 다른 가장 뚜렷한 점은 모두 재생산(re-production), 즉 번식을 한다는 것이다. 제아무리 거창한 의미를 삶에 부여하려 해도 생물학자에게 생명체란 유전자가 더 많은 유전자를 복제하기 위해 잠시 만들어낸 기계에 지나지 않기 때문이다.

우리는 아무런 의심 없이 닭이 닭이라는 생명의 주체라고 생각한다. 스스로 알에서 깨어나 꼬꼬댁거리며 모이도 쪼아먹고 짝짓기도 하는 걸 보면 당연히 닭이 닭이라는 생명의 주체여야 할 것 같다. 그래서 우리는 닭이 알을 낳는다고 생각한다.

하지만 정말 그럴까? 잠시 닭의 눈으로 삶을 보는 걸 멈추고 알의 눈으로. 더 정확하게 말해 속에 들어 있는 유전자의 눈으로 바라보자. 닭은 잠시 이 세상에 태어났다 수명을 다하면 사라지고 마는 일시적인 존재에 불과하지만 태초에서 지금까지 면면히 숨을 이어온 알 속의 DNA야말로 진정 닭이라는 생명의 주인이다. 알이 닭을 낳는 것이다.

인간도 생물이라면 우리 삶의 목표도 당연히 자식을 위한 것일 수밖에 없다. 자식의 일이라면 물불을 가리지 못하는 우리의 행동에는 다 그럴 만한 생물학적 근거가 있다. 자식은 다름 아닌 내 유전자를 후세에 널리 퍼뜨려줄 존재이기 때문이다. 자식을 통해 이른바 대리만족을 얻으려는 부모의 심정도 생물학적으로 전혀 황당한 현상은 아니다. 하지만 보다 큰 만족을 얻으려면 현명한 부모가 될 필요가 있다. 우리 인간이 비록 지금 만물의 영장이 되어 이 지구를 호령하고 있지만, 모든 면에서 다른 동물들보다 우월한 것은 결코 아니다. 지능을 비롯한 몇 가지 능력에서 우리가 그들보다 월등하여 성공한 것이지 모든 면에서 존경받을 만한 것은 결코 아니다.

자식을 기르는 것도 그중의 하나다. 어떤 점에서 보면 자연계에는 우리보다 훨씬 훌륭한 부모들이 수두룩하게 있다. 그래서 여기에서 내가 그동안 자연계에서 보고 느낀 가르침과 배움의 지혜 몇 가지에 대해 이야기하고자 한다. 한 가지 분명히 해둘 것은 자연계의 다른 동물들이 그렇게 한다고 해서 우리도 그대로 따라야 한다고 말하려는 것은 아니다. 사실 언명만으로 당위명을 이끌어내는 이른바 자연주의적 오류를 범하지는 않겠다는 말이다. 다만 우리보다 못한 동물들의 현명함을 보고 한두 가지 배울 게 있다면 결코 나쁘지 않으리라고 생각한다.

요즘 우리 사회에는 종종 자식의 눈치를 보느라 가르침을 포기한 부모들이 있다. 그런 부모들은 흔히 자식을 자유롭게 기르는 것이라는 궤변을 늘어놓지만, 내 눈에는 부모로서 스스로 부모되기를 포기하고 일종의 직무유기를 범하고 있는 것으로 보인다. 공공장소에서 남에게 폐가 되는 줄도 모르고, 또는 알면서도 내버려두면서 그 자식이 장차 제대로 성장하여 자신의 유전자를 원활하게 퍼뜨려줄 것이라고 기대한다면 큰 오산이다.

인간이 만일 사회적 동물이 아니라면 괜찮을 수도 있다. 혼자서만 자유롭게 잘 먹고 잘 살면 될 것이다. 자기 자식이 평생 재테크나 하고 혼자서 컴퓨터나 들여다보며 살기를 원한다면 말이다. 하지만 엄연한 사회성 동물로서 남에게 인정받고 사람답게 살기를 기대한다면 남과 함께 사는 방법을 어릴 때부터 가르쳐야 한다.

침팬지 연구로 제인 구달과 쌍벽을 이루는 프란스 드 발(Frans de Waal) 박사는 침팬지 사회를 연구한 뒤 "침팬지 사회에서는 무엇을 아는가보다 누구를 아는가가 더 중요하다"는 결론을 내렸다. 언뜻 우리 사회의 고질적인 병폐인 지연, 학연 등을 옹호하는 발언처럼 들리지만, 우리 사회에서 인간관계가 중요하듯 침팬지 사회에서도 침팬지 관계가 중요하다는 뜻이다.

남의 심정을 헤아릴 줄 모르고 배려할 줄 모르는 사람이 어떻게 윗사람 노릇을 할 수 있겠는가. 자기 자식이 평생 남의 지시나 받으며 힘들게 살기를 원한다면 야비하게 길러도 상관없지만 그렇지 않다면 다시 한번 곰곰이 생각할 일이다. 성격은 좋지 않은데 실력은 있는 사람이 성공할 확률보다 성격도 좋고 실력도 있는 사람이 남에게 인정받고 잘 살 확률이 더 높을 것은 지극히 당연하다.

어쩌다 보니 현대사회의 교육이 남을 꺾기 위한 경쟁수단이 되어버렸지만, 원래 예전의 교육에는 함께 사는 사회를 유지하기 위해 새로이 사회에 진입하려는 새내기들에게 최소한의 규범을 가르치는 과정이 중요하게 포함되어 있었다. 교육은 근본적으로 일방적인 것이다. 먼저 산 세대가 다음 세대를 가르치는 것이다. 요사이 우리나라의 교육은 너무도 심각한 위기를 맞고 있다. 학생들에게 왜 학교가 싫으냐고 물으면 "재미가 없다", "평생 써먹지도 못할 걸 가르친다"고 대답한다. 인생을 제대로 살아보지도 않은 그들이 어떻게 화학이 인생을 원만하게 사는 데 필요한지, 지나간 날들의 역사가 어떻게 미래를 밝혀줄지 알 수 있겠는가?

좁은 국토에 자원도 변변치 않은 우리나라가 그런대로 강한 경제력을 갖출 수 있었던 유일한 힘이 오로지 교육에서 왔다는 것은 누구나 인정하는 사실이다. 물론 우리 교육이 그동안 지나치게 주입식이었으며 경쟁만을 강조하여 흥미를 유발하는 데 실패한 것은 사실이다. 그러나 그런 문제들은 앞으로 풀어가야 할 필요악이지 한꺼번에 집어던져야 할 악습은 결코 아니다.

동물사회에도 과연 교육제도가 있을까 의아해할 사람들이 있겠지만 그들도 나름대로 열심히 가르치고 배운다. 지금으로부터 불과 사오십 년 전에는 동물행동학자들도 동물들에게 학습의 능력이 있다는 사실을 이야기하길 꺼려했다. 그러나 이제는 우리와 가장 가까운 사촌인 침팬지는 말할 나위도 없고, 심지어는 단순한 구조를 가진 플라나리아 같은 편형동물들도 배울 수 있다는 사실이 간단한 실험으로 명확하게 입증되었다.

플라나리아로 하여금 T형 미로를 걷게 하고 갈림길에 다다를 때마다 한쪽에서 가벼운 전기자극을 주는 실험을 해보면 다음 번에 그 갈림길에 서면 지체 없이 자극이 오는 방향과 반대쪽으로 몸을 튼다. 그저 두어 번의 경험이면 충분히 배워 생활에 적용한다. 동물들의 삶에서 학습은 유전자 못지않게 중요하다.

동물사회의 배움은 주로 모방 형식을 취한다. 이웃나라 일본의 원숭이들이 모래가 묻은 고구마를 물에 씻어먹는 것은 잘 알려진 행동이다. 그러나 그들이 원래부터 그런 행동을 할 줄 알았던 것은 아니다. 이모(Imo)라는 이름의 한 명석한 두 살배기 암컷 원숭이가 생각해낸 행동을 모두가 보고 배우게 된 것이다. 이모는 또 모래에 엎질러진 쌀을 모래와 함께 들고 물로 내려가 쏟아붓고 모래가 다 물속으로 가라앉은 다음 물에 둥둥 뜨는 쌀알들을 건져 먹기도 했다. 물론 다른 원숭이들은 이것도 금방 따라했다. 이밖에도 자연계에는 다른 개체들의 행동을 보고 배우는 예가 수두룩하다.

이처럼 동물사회에 배움이 있는 것은 분명한데 과연 가르침도 있을까? 인간사회에서처럼 조직적인 교육단체가 있는 것은 아니지만 그들에게도 분명히 교육과정이 있다. 이제 겨우 깃털을 가다듬은 새끼에게 나는 법을 가르치는 어미새만 보더라도 동물세계에도 그들 나름의 교육과정이 있음을 쉽게 알 수 있다. 먼저 저만치 날아 보이곤 새끼로 하여금 따라 날도록 격려하는 어미새는 우리 사회의 선생님 모습 그대로이다. 어미 표범은 새끼들에게 종종 먹이로 잡은 동물을 산 채로 던져준다. 새끼들로 하여금 그동안 어미가 사냥하는 모습을 보고 배운 걸 실습하며 익히도록 하기 위함이다. 언제까지나 자신이 새끼들 곁에 있으면서 먹이를 물어다 줄 수 없다는 걸 잘 알기 때문에 그냥 쉽게 먹여주지 않고 악착같이 가르친다. 우리도 더 늦기 전에 가르칠 것은 철저하게 가르쳐야 한다고 생각한다. 몇 번이고 땅에 떨어져 퍼덕거리는 새끼를 결코 포기하지 않는 어미새처럼.

몸으로 가르치자

나는 학교에서 강의를 하다 조는 학생을 발견하면 다음과 같은 얘기를 해준다. 인간이 하는 행동 중 동물과 가장 확연하게 다른 게 무엇인지 아느냐고 학생들에게 묻는다. 얼떨떨해하는 학생들에게 나는 이 세상의 그 어떤 동물이 자기들 중 하나를 앞에 세워 무려 한 시간씩이나 떠들게 하고 나머지는 모두 몸도 마음대로 움직이지 못한 채 조용히 듣고만 있느냐고 말이다.

어떤 의미에서는 우리보다 더 조직적인 사회를 구성하고 사는 벌이나 개미들도 하지 않는 행동이다. 막강한 권력을 쥐고 있는 여왕개미도 연설을 하겠다며 일개미들을 자기 앞에 한 시간씩 잡아두는 일은 꿈도 꾸지 못한다. 우리와 유전적으로 가장 가까운 고릴라나 침팬지 사회에서도 그런 모습은 일찍이 관찰된 바 없다. 강의를 하고 듣는 행동만큼 철저하게 인간적인 행동도 없을 것이다.

인간은 특별히 말로 상대를 가르치는 동물이다. 새끼보다 몇 발짝 앞서가며 풀숲에 감춰져 있는 지렁이 굴을 찾아내는 방법을 가르치는 어미새는 별말이 없다. 그저 조금은 과장되게 고개를 좌우로 까딱거리며 굴을 찾는 시늉을 한다. 그러면 털북숭이 새끼도 그 뒤를 따라가며 열심히 고개를 흔들어댄다. 동물들은 주로 몸으로 가르친다. 꼭 가르친다고 할 수 있을지 모르지만, 꿀벌이나 개미들은 말로 정보를 전달한다. 이른 아침

꿀을 찾아나섰던 정찰벌들은 집으로 돌아오자마자 춤을 춰서 꿀이 있는 곳을 알려준다. 꿀벌은 이처럼 춤언어를 사용하여 의사를 전달한다. 그러나 미처 언어를 개발하지 못한 다른 종의 벌들은 자기 동료들을 직접 꿀이 있는 곳까지 인도한다. 집으로 돌아와 동료들에게 좋은 꿀을 발견했노라고 호들갑을 떤 다음 자기가 직접 앞서 날아가며 뒤를 따라오도록 종용한다.

내가 1999년에 출간한 『개미제국의 발견』에 자세히 설명했지만, 개미들도 화학언어를 사용한다. 먹이를 발견하고 돌아오는 개미는 먹이가 있는 곳으로부터 집까지 페로몬을 사용하여 냄새길을 그린다. 그러면 다른 동료들은 그 정찰개미가 없더라도 그 냄새길을 따라 먹이를 찾을 수 있다. 그러나 이 같은 대중정보전달매체를 개발하지 못한 개미들에서는 정찰개미가 일일이 한 동료씩 끌고 먹이가 있는 곳까지 가야 한다. 말은 이처럼 복잡한 사회를 지탱하는 데 있어서 필수적인 조건이다.

말로 가르치는 일은 짧은 시간 내에 엄청난 양의 정보를 전달할 수 있다는 점에서 대단히 유리한 방법이다. 인간사회의 발전에 강의 행동이 적지 않게 기여했을 것은 쉽게 짐작할 수 있다. 한 시간 남짓한 강의 시간 동안에 그 사람이 오랫동안, 어쩌면 평생 동안 연구해온 지식을 고스란히 전수할 수도 있으니 말이다. 그러나 말로 가르치는 것은 일단 정보의 전달에는 유리할지 모르지만 그 정보를 몸에 배게 하는 데에는 한계가 있다. 양으로는 유리할지 모르나 질로는 항상 낮다고 할 수 없다.

인간을 제외한 다른 모든 동물들은 대개 몸으로 가르친다. 나는 우리도 말로만 가르칠 것이 아니라 몸으로도 가르쳐야 한다고 생각한다. 어쩌면 가르친다는 말은 옳지 않은 표현이다. 자식이 보아 부끄럽지 않게 행동하면 아이들은 저절로 배운다. 자발적인 배움은 강압적인 가르침보다 훌륭한 법이다. 영국의 작가 새뮤얼 버틀러가 "이 세상에서 자식을 가질 자격이 없는 사람들이 바로 부모들"이라고 꼬집은 것처럼 부모가 되는 일은 결코 쉽지 않다. 더욱이 우리는 아무런 연습도 없이 어느 날 갑자기 부모가 된다. 자식에게 부끄럽지 않은 완벽한 부모는 없다. 그러나 끊임없이 노력할 수는 있다.

모방은 학습의 가장 기본적인 형태이다. 한때 영국에서는 아침마다 현관에 배달된 우유를 박새들이 먼저 시식하는 바람에 골머리를 앓았다. 그 당시에는 우유를 지금처럼 정제하지 않던 시절이라 아침의 찬 공기를 쐬면 우유 속의 지방질이 모두 표면으로 떠올라 기름 떨켜를 형성하곤 했다. 어느 날 우연히 한 박새가 찢어진 우유병마개 사이로 이 기름 떨켜를 발견했던 것 같다. 박새는 워낙 느슨한 나무껍질을 들추며 벌레들을 잡아먹는 습성을 가진 새라서 이 발견은 그리 새로울 것도 없었으리라. 다만 열량이 엄청나게 높은 먹이를 발견한 그 박새는 그날부터 나무껍질을 뒤지는 일일랑 집어치우고 이 집 저 집 현관문 앞에 놓여 있는 우유병을 검색하기 시작했을 것이다. 우리 인간은 이제 어떻게 하면 열량이 적은 음식을 먹을 수 있을까 고민하는 동물이 되었지만 야생동물들에게는 비만이 결코 문제가 될 리 없다.

옥스퍼드 대학의 생물학자들은 그 후 여러 해 동안 박새들이 우유병마개를 찢고 기름을 걷어먹는 행동이 영국 전역으로 퍼져가는 것을 관찰했다. 다른 박새들의 행동을 보고 모방하는 방식으로 결국 영국에 사는 박새들은 거의 모두 우유병마개를 찢을 줄 알게 되었다. 또 부모가 하는 걸 보고 자식들이 따라 하기 시작하며 이 새로운 문화는 세대를 거쳐 전달되기 시작했다. 그래서 끝내 영국의 우유 생산업체들은 마개를 돌려서 닫는 병으로 바꿔야 했다.

만일 박새들에게 문자가 있어서 이처럼 새로운 먹이를 찾는 방법을 소책자로 만들어 배포했더라면 아마 훨씬 빨리 전달되었을지도 모른다. 하지만 아무리 삶에 직결된 일이라 하더라도 몸으로 배우는 것과 책을 통해 배우는 것에는 상당한 차이가 있을 것이다. 책은 아무래도 한 발짝 떨어져 있다.

"우리 아이는 책을 읽지 않아 속상하다"고 푸념하는 부모들을 종종 본다. 그런데 그런 부모치고 책 읽는 사람을 별로 보지 못했다. 어쩌다 그런 집에 초대를 받아 가보면 집에 책이 없다. 아이들 방의 책꽂이에는 할부로 사서 꽂아준 전집이 있지만, 정작 안방에는 책 한 권 찾기 어렵다. 거실에는 극장을 방불케 하는 대형 TV가 버티고 있다. 부모는 TV를 보면서 아이들에게는 들어가 책을 읽으라고 한다. 팔불출짓인 줄 알지만 우리 가족 얘기 한 가지만 하려고 한다.

우리 아이는 어려서 우리가 읽어준 그림책까지 합하면 고등학교에 진학하기 전에 이미 몇천 권의 책을 읽었다. 지금 집에 가지고 있는 책만 해도 거의 천 권쯤은 되고 그동안 여기저기에서 빌려본 책이 그 정도는 족히 될 것이다. 그 아이가 어렸을 때 나는 종종 아이와 승강이를 했다. 조금만 더 읽게 해달라고 애걸하는 아이를 근엄하게 꾸짖고 불을 끄는 행복한 다툼을 하루도 빠짐없이 벌였다.

아내와 나는 그 아이가 태어나 눈을 뜨기 시작했을 때부터 깨어 있는 동안에는 거의 쉼 없이 번갈아가며 책을 읽어주었다. 어느 날인가 책을 읽어주다 잠이 든 우리에게 그 아이가 대신 읽어주기 시작하기 전까지는 매일밤 침대에 함께 누워 적어도 대여섯 권의 책을 읽어야 했다. 미국에서 태어나 살다 온 아이라 일 년에 한 번쯤은 잠시라도 고향에 데려가는 셈치고 온 가족이 미국을 다녀온다. 아이와 함께 갈 때마다 우리 가족이 함께하는 일이 있다. 오늘은 뭘 할까 망설이다 별 뾰족한 생각이 떠오르지 않으면 우리 가족은 거의 예외 없이 단골 책방으로 향한다.

미국에는 우리나라의 대형서점과는 비교가 되지 않을 정도로 넓고 쾌적한 분위기를 갖춘 책방들이 많다. 오전 10시쯤 책방에 들어선 우리는 점심 때까지만 있기로 하고 각자 자기 코너에 가서 책을 읽기 시작한다. 하지만 어디 맛있는 데 가서 점심을 하자던 약속은 책방 구석에 있는 카페에서 간단하게 샌드위치나 먹자는 의견으로 모아지고, 샌드위치를 먹으면서도 연신책을 읽다가 저녁만큼은 그곳에서 먹을 수 없다는 데 동의하며오후 해가 적잖이 기울기 시작할 때에야 비로소 책방을 나서는일이 허다했다. 각자 한 보따리씩 책을 사들고 말이다.

집에서도 걸핏하면 셋이서 자기가 가장 좋아하는 구석에 앉아책을 읽는 게 보통이었다. 부모가 책을 읽고 있는 모습을 보여주면 아이들도 저절로 책을 읽는다. 부모는 읽지 않으면서 아이에게만 읽으라고 강요하는 것은 지극히 인간적인 행동일지는 모르지만 결코 효율적인 방법은 될 수 없다. 동물처럼 몸으로 가르쳐보자. 우선 거실 한복판에 떡 버티고 있는 대형 TV부터 치울 것을 제안한다. 그리고 그 자리에 가족 도서관을 만들면 어떨까.

우리집을 방문하는 사람들은 종종 우리집이 어딘지 모르게 외국 사람들이 사는 집처럼 보인다고 한다. 미국에서 쓰다가 가져온 허름한 외제 물건들이 좀 있는 것은 사실이지만, 나는 그것보다는 우선 거실에 TV가 없고 집 구석구석에 책들이 빽빽하게 꽂혀 있는 나지막한 책꽂이들이 놓여 있기 때문이라고 생각한다. 집 전체를 아예 쾌적한 책방 또는 작은 도서관처럼 꾸며놓고 어른들부터 먼저 책을 읽으면 아이들은 저절로 따라하게 되어 있다. 흙 묻은 고구마를 물에 씻어먹는 부모의 행동을 보고 자기도 따라 씻어먹는 원숭이 새끼처럼. 요즘 전국 곳곳에 도서관을 짓는 캠페인은 참으로 반가운 일이다. 할 수만 있다면 이참에 아파트를 신축할 때 놀이터와 함께 작은 도서관을 반드시 짓도록 하는 것을 법으로 정하는 것도 고려해볼 필요가 있을 것이다.

주5일 근무제나 주4.5일제가 확대되고 대기업들이 동참하기 시작하면 우리 사회에도 본격적으로 여가를 즐기는 문화가 자리를 잡을 것이다. 그동안 자는 아이들의 얼굴이나 쳐다보는 게 자식 기르는 재미의 거의 전부였던 우리 사회의 많은 아버지들에게는 적잖은 변화가 몰려올 것이다.

나는 자랄 때 아버지와 그리 많은 시간을 보내지 못했다. 그 당시에는 거의 모든 가정이 다 그랬던 것 같다. 하지만 자식 사랑이 남달랐던 아버지께서는 우리와 함께 몸을 맞대며 즐길 시간이 없는 걸 핑계로 교육을 포기하지는 않으셨다. 멀리 계셔도 늘 편지로 우리에게 삶의 지침을 내려주시고 당신의 사랑을 확인시켜 주셨다. 그런 아버지께 어느 날 나는 돌연 미국으로 유학을 보내달라고 요청했다. 많지 않은 월급으로 아들 4형제를 공부시켜야 했던 아버지는 내 유학자금을 마련하기 위해 다니시던 회사에 사표를 내셨다. 퇴직금이라도 받아야 뒤늦게 철들어 공부하겠다는 맏아들에게 유학자금을 쥐어줄 수 있겠다고 생각하신 것이었다.

하지만 아버지에게는 돈보다도 더 중요한 게 있었다. 직장 때문에 많은 세월을 지방에 계시느라 아들과 시간을 많이 보내지 못한 게 늘 한이었는데 이제 먼 나라로 훌쩍 떠나고 나면 부자간의 오붓한 시간은 영영 사라지고 말 것 같으셨단다. 맏아들이 둥지를 떠나기 전에 그저 몇 달만이라도 함께 몸을 맞대고 싶다는 내용의 사직서를 내고 서울로 올라오셨다. 평소 늘 엄하시기만 했던 아버지의 거의 동물적인 사랑에 나는 무척이나 많이 울었다. 그리고 그런 아버지의 깊은 사랑은 유학 시절 내내 나에게 가장 큰 힘이 되었다.

자궁태교에서
평생태교로

우리나라 부모들만큼 별나게 태교에 신경을 쓰는 사람들도 많지 않다. 그런데 그 태교가 대개 자궁태교에 그치는 데 아쉬움이 있다. 아이가 뱃속에 있을 때에는 세상에 온갖 좋은 음식은 다 찾아 먹고 좋은 음악도 들으면서 막상 아이가 세상에 나온 후에는 신경을 덜 쓴다. 인간은 영장류 중에서도 별나게 미처 성숙하지 않은 신경계를 갖고 태어나는 동물이다. 침팬지를 비롯한 다른 포유동물들은 성체의 뇌용량의 45% 정도 되는 뇌를 갖고 태어나는 반면, 인간 아기는 불과 25%밖에 되지 않는 뇌를 가지고 세상에 나온다. 뇌는 커지고 골반은 좁아지는 상황을 인간은 미숙아를 낳는 전략으로 해결한 것이다.

우리 부모들에게 아기가 처음으로 몸을 뒤집은 사건처럼 중대한 일도 별로 없어 보인다. 온 집안이 마치 경사라도 난 듯 법석이다. 하지만 우리 아이들이 겨우 몸 뒤집기를 할 때면 침팬지 아이들은 나무를 탄다. 망아지는 태어난 지 몇 시간이면 초원을 질주한다. 인간 아기는 너무나 무기력한 상태로 세상에 나온다. 험난한 세상에 보다 많은 걸 갖추고 나오는 것이 훨씬 유리해 보이는데 어쩌다 우리는 이처럼 엉성한 신경계를 갖고 태어나도록 진화한 것일까?

언뜻 생각하면 불리할 것처럼 보이지만 사실 이처럼 훌륭한 적응도 없다. 부모의 극진한 보호가 전제되어야 하는 적응이

긴 하지만 바깥세상을 짐작만 한 상태에서 미리 완성된 신경회로망을 갖고 태어나는 것보다 일단 기본적인 얼개만 가지고 태어난 후 자기가 살아갈 바로 그 환경의 자극에 맞도록 융통성 있게 회로망을 구축할 수 있다는 것이 훨씬 더 적응적이다. 최근 연구에 따르면 새로운 두뇌회로망은 사춘기에도 활발하게 일어난다고 한다.

태교를 보다 길게 연장하여 이른바 평생태교를 할 필요가 있다. 그렇다고 해서 갓난아기에게까지 조기교육을 시키자고 주장하는 것은 결코 아니다. 갓난아기를 극성스럽게 가르친다고 해서 효과가 있다는 연구결과는 아직 없다. 오히려 두뇌가 정상적으로 자라나는 과정에서 어느 한 부분을 지나치게 빨리 또 너무 심하게 자극하는 것은 결코 바람직하지 않다. 평생태교란 태교 때 들였던 정성을 평생 동안 연장하는 것이다.

나는 평생 자식을 대하는 태도가 태교의 마음이어야 한다고 생각한다. 뱃속에 들어 있는 아기에게 부모들은 그저 건강하게만 자라달라는 것 이외에 그리 많은 걸 바라지 않는다. 부모의 온갖 욕심보다는 오로지 그 아이의 건강과 행복만을 기원한다. 하지만 아이가 커가면서 우리는 차츰 아이의 행복과는 거리가 먼 요구를 하기 시작한다. 내가 관찰한 동물 부모들은 대체로 우리보다 자식에게 바라는 것이 적어 보인다. 자식이

건강하게 잘 성장하여 스스로 삶을 꾸려나갈 수 있도록 아낌없이 도울 뿐이다. 그것이 바로 내 유전자를 보다 많이 후세에 퍼뜨리는 길이기 때문이다.

나는 요즘 공식석상에 나타날 때마다 종종 "대한민국에서 제일 바쁜 양반이 왔다"는 소개를 받는다. 과학 분야를 연구하는 사람이 그저 묵묵히 실험실이나 지키지, 허구한 날 과학 대중화를 한답시고 여기저기 강연하러 돌아다니질 않나, 국가의 과학 정책을 수립하는 과정에 빠져서는 안 되는 줄 알고 온갖 위원회에 쫓아다니질 않나, 우리나라 최초의 국립자연사박물관, 침팬지 연구소, 인구학 연구소 등을 만들겠다며 이 문 저 문 열심히 두드리고 다니질 않나, 교수 업적 평가에 손톱만큼의 도움도 되지 않건만 웬만한 문인 뺨칠 정도로 엄청난 양의 글을 이젠 겁도 없이 문예지에까지 게재하질 않나, 내가 생각해도 오지랖이 넓은 건 사실이다.

전공이 행동생물학이다 보니 동물은 물론 인간의 행동 모두가 다 연구대상이라 그런지 학문의 오지랖이 넓은 편이다. 비교적 최근에 등장한 분야인 진화심리학에 관해서도 국내에서는 이런저런 연유로 철학, 종교학, 그리고 사회학을 하는 분들과도 제법 빈번한 교류를 갖게 되었다.

하지만 이 정도로 대한민국에서 제일 바쁜 사람이 되는 건 아닐 것이다. 다만 내 경우에는 이 모든 걸 해가 떨어지기 전에 해치우려니 여간 바쁘지 않다. 나는 저녁시간에는 절대 약속을 하지 않는 걸 원칙으로 한다. 일 년에 집에서 저녁을 먹지 않는 날은 그저 손가락으로 꼽을 정도이다. 피치 못할 사정이 있어 꼭 저녁에 약속을 만들 때에도 가능하면 일단 집에 돌아와 아들과 저녁식사를 한 다음 누군가에게 아들을 맡기고 다시 나가곤 했다.

많은 일들이 야간문화 속에서 이뤄지는 대한민국 남성사회에서 저녁을 통째로 접고 살기란 사실 그리 쉬운 일은 아니다. 처음 귀국했을 때에는 상당히 많은 어려움을 겪었다. 그러나 이제는 나를 아는 대부분의 사람들이 나의 생활신조를 이해하고 존중해주기 시작했다. 요즘엔 강연 요청을 하는 사람들 중에도 아예 "저녁에는 시간을 내지 않는 걸로 압니다. 이러이러한 날 오후 3시는 어떻습니까" 하고 먼저 제의해온다. 우리 사회도 이젠 많이 변했다.

내가 원래부터 가정의 중요성을 명확하게 인식했던 것은 아니었다. 우리 부모 세대 기준으로 보아 대단히 가정적이셨던 아버지의 영향이 없었던 것은 아니지만, 우리 가정의 중심을 확고하게 붙들고 나로 하여금 가정의 중요성을 깨닫고 실천할 수 있도록 가르쳐준 아내의 공이 절대적이었다. 대학 때부터 워낙 남들과 모여서 이런저런 일을 꾸미는 걸 좋아했던 나는 그대로 내버려뒀으면 아마 자정 이전에는 귀가하기 힘든 아빠가 되었을 것이다.

나는 밤늦게 귀가하여 자고 있는 자식들의 얼굴이나 들여다보고 아이들이 깨기 전에 출근해야 하는 우리 사회의 많은 아빠들에게 자꾸만 미안하다. 자식을 키우는 재미는 해본 사람이 아니면 모른다. 몇 년 전 EBS에서 〈여성의 세기가 밝았다〉는 제목으로 강의를 할 때, 어느 여성으로부터 다음과 같은 이메일을 받은 적이 있다. "그동안 너무나 오랫동안 눌려 살았던 우리 여성들의 마음을 후련하게 해주는 것은 고맙지만, 제발 자식 기르는 기쁨만은 빼앗지 말아주세요."

하루해가 짧은 게 내게 꼭 불리한 것만은 아니다. 우리나라 남성들은 저녁시간을 너무 낭비하고 사는 것 같다. 가족과 함께 시간을 보내지 못하는 것은 말할 나위도 없고 본인을 위해서도 전혀 생산적이지 못한 경우가 많다. 언젠가 이어령 선생님도 당신이 그렇게 왕성한 저술작업을 할 수 있었던 이유는 저녁 약속을 하지 않았기 때문이라고 말씀하시는 걸 들었다.

나도 거의 모든 글을 저녁에 집에서 쓴다. 내가 저녁모임에 일일이 따라다니기 시작하면 아마 저술활동은 꿈도 꾸기 어려울 것이다. 그나마 가정의 중요성을 인식하고 그에 따라 생활하는 덕에 내 평생 꿈이었던 글쓰기도 할 수 있어 나는 더할 수 없이 행복하다. '믿음, 소망, 사랑이 모두 중요하되 그중에 제일은 사랑'이라는 고린도전서의 말씀이 아니더라도 사랑만큼 값진 교육은 없다. 사랑에 굶주린 아이는 늘 사랑을 얻기 위하여 눈치를 보며 비굴해진다. 사랑을 넘치도록 받은 아이는 늘 당당하고 그 넘쳐나는 사랑을 남에게 주지 못해 안달해한다. 사랑을 너무 주면 아이를 망친다지만 나는 그렇게 생각하지 않는다. 뭔가 진정한 사랑이 아닌 부분이 있었기 때문에 그런 결과가 나타날 것이라고 생각한다. 자식에게 베풀 수 있는 진정한 사랑이 어떤 것인가는 부모라면 모두 본능적으로 알고 있다. 아낌없는 사랑을 베풀면 그런 사랑을 받은 아이가 그 사랑을 또 다른 사람에게 베풀 것이라고 믿는다. 사랑처럼 전염성이 강한 질병도 없기 때문이다. 사랑받은 아이가 사랑할 줄도 안다.

나는 지나치게 머리로 계산한 사랑보다는 가슴으로부터 나오는 다분히 동물적인 사랑이 더 강력하고 효과적이라고 생각한다. 동물적 사랑이란 단순히 맹목적인 사랑이 아니다. 끊임없이 인내하고 아낌없이 주며 때가 되면 미련 없이 보낼 줄 아는 그런 사랑을 말한다. 그동안 내가 보아온 동물 부모들은 우리들보다 배운 건 많지 않아도 이런 사랑을 베푸는 데 모자람이 없어 보인다. 언젠가 아들이 내 둥지를 떠날 날이 올 것을 생각하면 매일 저녁 아들과 보내는 시간이 너무나 소중하기만 하다.

7

남성이
화장하는
시대가
온다

여성시대, 분명히 오고 있다

지금도 이 세상 곳곳에서 오로지 남근을 달고 태어나지 않았다는 이유 하나만으로 제대로 대접을 받지 못하는 수많은 여성들에게는 여성시대가 너무나 천천히 열리고 있으리라. 내가 EBS에서 〈여성의 세기가 밝았다〉라는 제목으로 강연을 할 때 감격에 겨운 이메일을 보내주던 한 많은 이 땅의 아줌마들은 여성의 세기라던 21세기가 시작된 지 벌써 몇 해가 흘렀건만 변화는 아직 피부에 와닿지 않는다며 서운해할지 모른다.

하지만 아무런 거리낌도 없이 온 천하에 대고 "여자는 두 번째로 큰 신의 과오"라고 떠들어댔던 니체가 죽은 지 이제 겨우 100년이 넘었을 뿐이다. 민주주의의 수호 국가라 자부하는 미국에서 여성이 남성과 동등한 참정권을 얻은 게 불과 80여 년 전인 1920년이었다. 민주혁명의 나라 프랑스의 여성들은 1944년에 이르러서야 비로소 선거권을 얻었고, 세상에서 가장 살기 좋은 나라라는 스위스도 1971년에야 여성의 참정권을 인정했을 정도였다.

이런 전통적인 선진국들의 추세에 견줄 때 우리나라 여성들이 1948년에 남성과 동등한 참정권을 획득했다는 것은 일단 표면적으로는 괄목할 만한 일이다. 곽배희 한국가정법률상담소장의 평가로는 한국 여성들이 최소한 법적으로는 거의 80%의 평등을 이뤘다고 한다. 이제 남은 20여%는 곧 현실로 다가올 호주제 폐지와 함께 한 땀 한 땀 완성해갈 수 있으리라 기대한다. 사회변화의 속도가 전 세계에서 유례가 없을 정도로 빠른 나라인 만큼 여성시대의 전개도 일단 시동이 걸렸으니 무서운 속도로 펼쳐질 것이다.

세계적으로 보면 여성시대는 분명하게 열리고 있다. 핀란드, 필리핀, 파나마 등 국가원수가 여성인 나라가 거의 10개국에 달한다. 뉴질랜드와 아일랜드는 최근 여성끼리 대권을 주고받았다. 스웨덴, 덴마크, 핀란드 등 스칸디나비아 국가들에서는 여성 의원의 비율이 40% 선을 넘나든다. 얼마 전까지만 해도 여성 의원의 비율이 전 세계 평균에도 미치지 못했던 프랑스는 최근 하원이 남녀동수공천제 법안을 통과시킨 후 여성 시장과 시의원의 수가 폭등했다. 아직도 여아 할례가 자행되는 검은 대륙 아프리카 국가들의 여성 의원 비율도 날로 증가하고 있다. 우간다는 거의 20%에 육박한다. 회교 국가 이란도 이미 여성 부통령을 배출했고 여성 의원 비율도 15%를 넘어섰다. 전통적으로 여성의 지위가 낮은 일본과 대만에서도 최근 여성들의 정계 진출이 두드러진다.

이들 국가들에 비하면 우리나라의 여성 의원 비율은 아직 창피한 수준이다. 하지만 나는 감히 예언한다. 우리나라가 적어도 미국보다는 먼저 여성 대통령을 추대할 것이라고. 청교도 정신에 입각하여 나라를 세운 미국은 보기보다 매우 보수적인 나라이다. 오랜 민주선거의 역사를 이어왔으면서도 아직 여성 부통령 한 번 선출하지 못했다. 나는 그리 멀지 않은 장래에 우리나라에 여성 대통령이 나타날 것이라고 믿어 의심치 않는다. 비록 얼마 전 역사상 최초로 여성 총리를 세우려다 실패했지만 변화를 향한 발걸음은 이미 내딛었다. 변화의 속도가 워낙 빠르고 일단 변화하기 시작하면 놀라울 정도로 빨리 그 변화에 적응하는 우리 국민의 성향으로 보아 충분히 가능하다고 본다. 우리는 이미 그 옛날 신라시대 때 선덕여왕을 모셨던 민족이 아닌가.

"여성이 나라를 다스리면 평안하다"는 후쿠야마(Francis Fukuyama) 교수의 주장이 아니더라도 정치는 어떤 의미에서 여성들에게 더 어울리는 활동인지도 모른다. 대화와 타협이 절대적으로 필요한 인간활동이기 때문이다. 인도의 전 수상 인디라 간디(Indira Gandhi)도 다음과 같은 말을 남겼다. "한때 리더십은 근육을 의미했다. 하지만 오늘날의 리더십은 사람들과 잘 화합하는 것을 말한다." 몇 년 전 전문직여성클럽(BPW) 한국연맹이 창립 30주년을 맞아 기념세미나를 열며 '21세기에는 여성 대통령이 나와야 한다'는 주제를 내걸었다. 도발적이기까지 한 당위성의 이면에 어딘지 모르게 절박함이 서려 있는 것 같았다.

학계와 교육계에도 변화의 바람은 뚜렷하다. 미국의 전통적인 명문인 아이비리그 대학 8곳 중 3곳이 여성을 총장으로 발탁했다. 미국 대학 전체로 봐도 여성 총장의 비율은 이제 20%를 훌쩍 넘긴 상태이다. 대학의 여교수 비율도 1990년대 이후 꾸준히 늘고 있다. 학계에서도 많은 여성 학자들이 탁월한 리더십을 발휘하고 있다. 내가 몸담고 있는 학문인 동물행동학과 사회생물학은 여성 학자들의 활약이 특별히 돋보이는 분야이다.

근래 몇 년간 국제학회에 참석해보면 여성 학자들이 기조연설을 하는 예가 부쩍 많아졌다. 한 예로 2001년 미국 동물행동학회 학술대회에서는 6명의 기조연설자들 중에 4명이 여성이었다. 그해에는 학회장도 여성이었고 차기 회장도 이미 여성이 선출되어 있었다. 모든 게 열악한 오지에서 동물들을 관찰하는 일이 여성들에게 그리 어울리는 것 같지 않아 보이지만 모두 훌륭하게 잘해낸다. 아마도 침팬지 연구로 유명한 제인 구달 박사의 귀감이 큰 영향을 미친 것 같다.

우리나라 여성들이 조만간 약진해야 할 분야가 바로 외국에 비해 너무도 열악한 상황인 학계와 교육계이다. 지난 10여 년간 4년제 대학의 여학생 비율과 석사 또는 박사 과정에 진학

하는 여학생 비율은 급증하고 있지만 여교수의 증가율은 지극히 저조하다. 서울대의 경우 거의 1,500명에 육박하는 전체 교수들 중 여교수는 100여 명에 불과하다. 이들 중 절대다수가 간호대학과 생활과학대학의 교수들이다. 그래서 서울대 여교수회는 2006년까지 여교수의 임용비율을 10%까지 올릴 것을 건의했다. 정부에서도 이른바 '여교수채용 목표제'를 도입하여 곧 국립대 신규임용 교수의 20%는 반드시 여성으로 채용할 것을 적극적으로 권장하고 있다.

나는 미국에서 박사학위를 취득한 후 2년 만에 미시건 대학의 조교수직을 얻기까지 수없이 많은 대학의 교수 공채에 응모했다. 여러 차례 최종 결선까지 갔으나 마지막 관문에서 번번이 고배를 마셨다. 내가 2등으로 아슬아슬하게 교수직을 거머쥐지 못한 거의 모든 대학에 여성 과학자들이 자리를 잡았다. 그래서 한때는 여성과 최종 경합을 벌일 때는 아예 포기할 생각까지 하곤 했다. 대학에서 여교수의 비율을 높여야 한다는 사회적 압력이 거셌던 시절이라 남자인 나에게 불리했다고 핑계를 대고 싶었다. 하지만 사실 내 경우에는 자리를 잡은 여성들이 객관적으로 볼 때 이미 나보다 월등하게 훌륭한 업적을 낸 과학자들이었다. 그런 정책이 없었다면 남자인 내가 약간은 부당하게 차지할 수도 있었던 자리를 능력 있는 여성이 당연히 찾은 것뿐이었다.

궁극적으로는 우리 사회도 성에 관계없이 능력 있는 사람이 제자리를 찾아 일할 수 있게 되어야 한다. 하지만 그런 사회로 가려면 한동안 할당제와 같은 강제적 정책도 필요한 법이다. 선진국의 경우에도 이를테면 할당제 덕분에 보다 많은 여성들이 정계에 발을 들여놓을 수 있었다. 여교수 채용 할당제를 놓고도 논쟁이 적지 않은 것으로 안다. 애당초 열등하다는 사실을 인정하고 들어가는 것이 아니냐, 더 적합한 남성이 있어도 채용하지 못하는 것은 불합리한 일이 아니냐며 비난이 만만치 않다. 다분히 인위적이고 비합리적인 제도임에는 틀림이 없다.

그러나 합리적이고 공평한 사회로 가는 길목에서 일어나는 어쩔 수 없는 진통이라고 생각한다. 여성 할당제는 미국 정부도 적극적으로 추진했던 정책이다. 이제는 우리 대학에도 여풍이 불 때가 되었다. 여교수의 비율이 대폭 증가해야 하는 것은 말할 나위도 없거니와 대표적인 남녀공학대학에도 곧 능력 있는 여성 총장이 나타나길 기대한다.

여성시대가 열리는 상징들

여성시대의 도래를 가장 상징적으로 드러내는 분야로 나는 다음의 셋, 즉 오케스트라의 지휘자와 주요 일간지 주필 그리고 TV 저녁뉴스의 리드 앵커를 들고 싶다. 왜 이들 직업이 상징적으로 중요하다고 생각하는지에 대하여 그럴듯한 이론적 뒷받침을 제공할 자신은 없다. 다만 그런 느낌이 진하게 들 뿐이다. 어쩌면 내가 다음 생에서 한번쯤 도전하고픈 직업들이라는 생각과 함께 여성이라고 해서 왜 아니 그럴까라는 생각이 들었는지도 모른다.

결혼하여 미국에 살던 시절, 안사람은 줄곧 교회에서 오르간 반주를 하거나 성가대 지휘를 했다. 미시건에 살던 어느 해 겨울에 일어났던 일이다. 크리스마스이브에 그 지역 한인교회들이 한데 모여 합동예배를 보기로 했다. 기왕에 모두 모이는데 성가대도 한데 묶어 웅장하게 헨델의 〈메시아〉를 부르기로 했다. 각 교회의 성가대장들과 지휘자들이 모여 회의를 한 결과 안사람이 지휘를 맡게 되었다. 나이도 어린 편이고 여성이지만 음악 공부를 가장 많이 한 사람이 맡는 것이 옳다고 판단했단다. 그런데 그중 한 교회에 모여 연습을 시작하려는데 그 교회 목사님이 다가와 여자는 교회 단상에 오를 수 없다며 안사람이 총지휘를 하는 것에 제동을 걸었다. 하지만 그 자리에 모인 성가대원들의 열화 같은 반대에 부딪혀 그 목사님은 결국 고집을 꺾으셔야 했다. 그날 합동예배 때 들었던 메시아는 내가 그때까지 들었던 메시아 중 가장 장엄하게 들렸다. 그리고 그 순간처럼 안사람이 커보이던 때는 일찍이 없었다.

오케스트라만큼 권위주의적이고 남성우월적인 집단도 그리 많지 않다고 들었다. 그 집단의 우두머리인 지휘자만큼 만인이 보는 앞에서 대놓고 권위를 휘두를 수 있는 사람이 우리 사회에 얼마나 남아 있을까 의심스럽다. 얼마 전에 들은 얘기지만, 지휘자는 관중을 대할 때를 제외하곤 그 누구에게도 허리를 굽히지 않는단다. 바로 그 화려한 자리를 여성에게 내주기란 그리 쉽지 않을 것이다. 이 마지막 금녀 구역에 마에스트로 대신 마에스트라들이 등장하기 시작했다. 미국 콜로라도 심포니를 비롯하여 몇몇 오케스트라들에 여성들이 지휘봉을 들었다.

미국 최고의 일간지 《뉴욕타임즈》에 첫 여성 주필이 탄생했다. 50대 중반의 게일 콜린스(Gail Collins)가 그 장본인이다. 우리나라 3대 일간지에 여성 주필이 등장할 날 여성시대의 문은 한층 중후하게 열릴 것이다. 거의 비슷하게 일어날 큰 변화는 저녁 TV 뉴스를 여성 앵커가 시작하는 날일 것이다. 우리나라 TV 뉴스는 한결같이 남성 앵커가 리드한다. 무게 있는 보도는 언제나 남성 앵커의 몫이다. 여성 앵커는 그저 꽃처럼 앉아 말랑말랑한 소식만 전한다. 나이도 있고 경륜도 있는 여성 앵커가 뉴스를 리드하면 심각한 뉴스가 갑자기 경박스러워지는 것도 아니건만, 왜 우리에게는 바바라 월터즈(Barbara Walters)나 다이앤 소여(Diane Sawyer) 같은 앵커가 없는 것일까. 여성들의 능력이 부족해서가 아니라 기회가 주어지지 않았을 뿐이다. 중후한 여성 앵커의 등장이 여성시대의 화려한 개막을 알릴 것이다.

우리 인류의 역사에 과연 진정한 의미의 모계사회가 존재했는지는 여전히 논란의 대상이지만, 모든 여성의 사회적 위치가 항상 남성보다 낮았던 것은 아니다. 침팬지 사회에서 우두머리가 누구냐고 물으면 당연히 으뜸수컷이라고 답해야 한다. 침팬지들이 서로 만났을 때 하는 의례행위를 보면 수컷들이 거의 완벽하게 우위를 점한다. 실제로 몸싸움을 하면 수컷들이 80% 정도 우세하다. 그러나 궁극적으로 누가 가장 좋은 곳에 앉아 가장 좋은 음식을 먹느냐고 물으면 대답은 좀 달라진다. 80%의 경우 수컷들보다 암컷들이 훨씬 더 누리며 산다. 그래서인지 미국의 작가 올리버 웬델 홈즈(Oliver Wendell Holmes)도 "일찍이 남자가 뜻을 세우긴 해도 결국 여자 뜻대로 된다"고 했다.

이시하라 신타로 일본 도쿄 도지사가 할머니를 비하하는 발언을 했다가 일본 여성들로부터 소송을 당한 일이 있었다. "할머니는 문명이 가져온 것 중 가장 유해한 것"이라 규정하고 "여성이 생식능력을 잃고도 산다는 것은 의미 없는 일"이고 "지구에 심각한 폐해"라는 망언을 해댔다. 지극히 단편적이고 편파적인 생각이다.

나는 그 옛날 인류 집단에서 할머니의 역할이 오히려 필수적이고 막강했을 것으로 생각한다. 남자들은 워낙 여자들보다 수명도 짧고 대부분 전쟁통에 목숨을 잃는다. 그래서 어느 집단이고 정신적인 지주의 역할은 거의 예외 없이 최고 연장자인 할머니 몫이었을 것이다. 오랜 삶의 경험을 바탕으로 족장의 상담역을 했을 것이다. 우리 역사에서도 임금이 대비를 알현하고 어려운 문제를 의논하고 윤허를 받는 일이 종종 있었다. 상왕은 이미 사라지고 없고 천수를 누리는 대비가 자연스레 나라의 어른이 되는 것이다.

서울대학교 내 연구실 출신의 노정래 박사는 제주도에서 조랑말의 생태와 행동을 연구했다. 말은 전형적으로 일부다처제를 유지하고 사는 포유동물이다. 말들의 사회를 관찰해보면 대개 한 마리의 수컷이 여러 마리의 암컷들과 무리를 지어 산다. 물론 아직 나이가 어리거나 권좌에서 밀려난 수컷들은 그들 나름대로 홀애비 무리를 만들어 변방에서 서성거린다. 겉으로 보기에 철저하게 남성중심사회처럼 보인다.

실제로 지금까지 말을 연구하는 사람들은 이 점을 한번도 의심해본 적이 없다. 그러나 내가 미국 미시건 대학에서 교편을 잡던 시절 그곳에 있는 유명한 세계적인 동물행동학자 알렉산더(Richard Alexander) 교수는 늘 "말 사회는 암컷이 지배하는 사회"라고 말하곤 했다. 원래 귀뚜라미를 전문적으로 연구하다 인간행동의 진화에도 많은 연구업적을 남긴 분이지만 개인적으로는 작은 목장을 운영하며 수십 년 동안 말들을 관찰한 경험에서 나온 결론이란다. 1990년대 중반 귀국한 이후 제주도 조랑말을 연구할 계획을 세우며 나는 바로 이 문제의 해답을 얻고 싶었다. 여러 해에 걸친 현장 연구 끝에 우리는 알렉산더 교수의 주장이 옳다는 명확한 증거를 확보했다.

말 사회에서는 나이가 많은 암말이 다른 어린 암말들을 거느리며 수컷들 중 한 마리를 간택하여 모든 암말들에게 일정 기간 동안 봉사하도록 허락하는 것으로 보인다. 한 무리 내의 서열관계를 관찰해보면 성에 관계없이 가장 나이 든 암말이 제일 높은 지위를 갖고 있고 수컷은 나이에 따라 중간쯤의 지위를 지킨다. 나이에 상관없이 으뜸수컷 한 마리가 모든 암컷들을 호령하는 체제가 결코 아니다. 이러한 발견은 말에서만 나타나는 것이 아니다.

최근 동물행동학자들의 연구에 따르면 전통적으로 남성중심

사회로 알려졌던 여러 동물사회들이 사실은 가장 나이 든 암컷이 은밀히 조정하는 사회라는 것이 밝혀지고 있다. 마치 화장을 한 듯 화려한 얼굴색을 갖고 있는 맨드릴이라는 비비는 거의 100마리가 넘는 암컷들이 한데 모여 무리를 이루고 산다. 이들 역시 번식기에만 마음에 드는 수컷 한 마리를 영입하여 서비스를 받는 것으로 최근 밝혀졌다. 나이 든 암컷의 힘은 우리가 생각했던 것보다 훨씬 막강하다.

여성이 생식능력을 잃고 나면, 즉 완경을 하고 나면 세상을 대하는 태도가 달라진다. 생식기능을 지니고 있을 시절에는 원하지 않는 자식을 얻을 수도 있다는 가능성 때문에 여러 가지로 행동의 제약을 받는다. 그러나 일단 그런 위험에서 벗어나면 속말로 겁이 없어진다. 우리 사회에서도 이맘때쯤 하여 갑자기 용감해지는 아줌마들을 흔히 본다. 아직 누가 과학적으로 측정해본 것은 아니지만 완경을 한 여성들은 웃음소리도 저음으로 변하는 것 같다.

지금도 오지에 사는 종족들을 보면 상대 종족의 여성들이 중요한 전리품이다. 그러나 생식능력을 잃은 여성들은 제외된다. 문화인류학자들과 진화심리학자들은 최근 할머니 특히 외할머니와 함께 사는 아이들의 사망률이 그렇지 않은 아이들의 절반밖에 되지 않는다는 걸 발견했다. 이 같은 연구결과들은 인류의 진화과정에서 부계의 영향력이 지나치게 과장되어 평가되었음을 의미한다.

여성시대에는 남자도 화장을 한다

지금도 수렵채집생활을 하는 오지의 종족들을 보면 주식은 역시 식물성이다. 제인 구달 박사의 관찰에 의해 침팬지들이 의외로 육식을 엄청나게 좋아한다는 사실이 밝혀졌지만, 그들이 매일매일 섭취하는 먹이의 98%는 모두 식물성이다. 지금으로부터 600만 년 전 침팬지의 조상과 헤어져 아프리카의 열대림을 빠져나온 우리 조상들도 처음에는 주로 채식을 했었을 것이 거의 확실하다.

마을 주변에서 야채와 열매 그리고 견과류를 채집하는 여성들이 거의 매일 식단을 책임졌다. 남자들은 가뭄에 콩 나듯 사냥에 성공할 때에나 가족에게 동물성 단백질을 제공하며 어깨를 으쓱거릴 수 있었다. 그러다가 불과 1만 년 전 인류가 농사를 짓기 시작했을 때부터 비로소 근육의 힘이 절대적으로 중요해졌다. 부를 축적할 수 있게 된 남성들이 사회의 주도권을 잡은 것도 바로 이때부터였다.

그러나 이제 그동안 지나치게 한쪽으로 치우쳤던 시소가 서서히 반대편으로 기울기 시작했다. 여성들의 사회진출은 이제 거스를 수 없는 대세이다. 따라서 경제력도 함께 늘고 있다. 미국의 인류학자 헬렌 피셔(Helen Fisher)는 『제1의 성』에서 여성이 남성보다 경제활동 면에서 생물학적으로 훨씬 더 탁월하다고 분석했다. 뛰어난 언어감각, 상대의 마음을 읽는 능력, 인간관계와 사회정의에 대한 순수한 관심 등 전형적인 여성성이 이른바 '수평적 네트워크'에 기반을 둔 현재와 앞으로의 세상에 더 잘 적응할 것이라고 설명했다.

그래서 가정은 물론, 교육, 정보통신, 의학, 경영, 시민활동 등 거의 모든 사회 분야에서 여성적 사고체계가 우세한 위치를 차지하게 될 것이라고 예측했다. 50여 년 전 보부아르가 한탄해 마지않았던 '제2의 성'이 바야흐로 '제1의 성'으로 화려하게 복귀하고 있다고 힘주어 말했다. 여성들의 경제력이 증가하면 자칫 남자의 중요성이 약해지는 세상이 올 수 있다. 사회적으로나 경제적으로 성공한 여성들 중에는 혼자 사는 이들이 많다. 물론 그중에는 일을 하다 보니 혼기를 놓친 여성들도 있지만, 상당수는 독신의 자유로움을 즐기고 있다. 그들 중에는 결혼을 하지 않고도 아이를 낳아 기르는 여성들도 있다. 세계적인 여배우 조디 포스터가 대표적인 예다. 난자와 정자도 인터넷을 통해 어렵지 않게 구할 수 있는 세상이 되었으며, 정자 시장은 이미 수천억대 규모가 되었다고 한다. 무슨 이유인지 덴마크 정자가 고가로 팔리고 있는데, 처음부터 가장 훌륭한 브랜드로 '락인(lock-in)'이 된 것이다. 육아보육시설도 날로 좋아지고 있다. 구태여 골치 아픈 결혼의 굴레 속에 자신을 묶어둘 까닭이 없다고 느낄 수 있다. 게다가 얼마 전에는 호주의 모내쉬 대학의 과학자들이 정자의 도움 없이도 난자를 수정시키는 방법을 개발했다. 과학자들은 불임 남성들을 돕기 위해 개발했다고 하지만, 이 방법이 보편화되면 정말 남자가 필요 없는 세상이 들이닥칠 수도 있다.

1968년 시카고 미술회관에서 피카소의 그림들을 전시하려고 할 때였다. 그중 한 여인이 아이를 안고 바닷가에 앉아 있는 〈어머니와 아이〉라는 그림을 전시하려는데, 피카소로부터 홀연 원래 그 그림에는 남자가 함께 있었다는 통보가 날아들었다. 알고 보니 피카소는 아이의 아버지로 보이는 남자를 그렸다가 도려내버리고 남자의 팔 부분은 배경색으로 덧칠을 한 것으로 드러났다. 엑스레이 투시법을 사용하여 덧칠한 부분을 들여다보니 남자는 손에 생선 한 마리를 쥐고 있었다. 흥미로운 것은 아이와 여인의 시선이 전혀 다른 곳을 향하고 있다는 점이다. 아이는 그 생선을 쳐다보며 관심을 보이는 반면 여인은 전혀 아랑곳하지 않는 표정이었다. 피카소의 원래 의도가 어떤 것이었는지는 확실하지 않지만, 적어도 내 눈에는 "당신이 도와주지 않아도 나 혼자서 충분히 아이를 기를 수 있다"는 현대 여성들의 태도를 상징적으로 잘 표현한 그림처럼 보인다.

여성단체나 여성학회의 초대로 하는 강연에서는 늘 TV에서는 받을 수 없었던 상당히 많은 질문들이 쏟아진다. 내가 가장 자주 받는 질문 중의 하나가 바로 여성의 경제권 향상에 대한 것이다. 여성들의 사회진출이 활발해지면서 경제력이 강해지는 것은 사실이나, 어느 세월에 남성들보다 더 막강한 경제력을 확보할 수 있겠느냐는 질문이다. 그리고 남성들이 그렇게 되도록 가만히 지켜보겠느냐는 것이다.

나는 한번도 여성들의 경제력이 남성들을 능가해야 한다고 말한 적은 없다. 능가할 수 있다면 여성들에게 더욱 좋겠지만 그럴 필요가 없기 때문이다. 혼자서 아이를 기를 수 있고 어느 정도의 문화생활을 영위할 수 있는 수준의 경제력만 확보하면 금세 남성의 필요성을 가늠해볼 수 있게 된다. 아일랜드 태생의 극작가 파커가 말한 대로 "여자란 돈이 없으면 아름다움을 유지할 수도 없는" 게 사실이지만, 최소한의 고상함을 유지할 수 있을 만큼의 경제력만 갖추면 인생을 바라보는 눈이 달라질 수 있다. 여기다가 생명과학과 의학이 지금처럼 빠르게 발달하다 보면 언젠가는 여성들이 애써 임신할 필요가 없게 될지도 모른다. 인공자궁을 개발하거나 혹은 자신의 자궁과 똑같은 자궁을 병원에 준비해두고 그 속에서 아이를 키울 수 있게 될 날이 올 수도 있다. 만일 그렇게 된다면 나는 대부분의 여성들이 임신이라는 고통스러운 일을 자처하지 않을 것이라고 생각한다. 아이는 역시 내 몸속에서 키워야 한다고 생각하는 모성애가 아주 강한 여성이 있을 수 있겠지만, 모두가 병원에서 아이를 키우는데 혼자 남산만 한 배를 내민 채 힘겹게 거리를 활보하는 일이 그리 편안하지 않은 날이 올 것이다.

그때가 되면 부부는 함께 병원을 찾아 난자와 정자를 제공한 다음, 자신들의 아기가 자라는 걸 가끔씩 들러 지켜보기만 하면 된다. 그러다 아홉 달 후 병원에 가서 아기를 안고 집으로 돌아와 아기침대에 눕혀놓은 뒤, 마치 둥지 속에 알을 낳고 함께 품는 새들처럼 부부는 자연스레 아이를 돌보게 될 것이다. 잉태의 친밀함도 출산의 고통도 없이 낳은 아이에게도 여성들이 지금 같은 모성애를 품게 될지는 가늠하기 어렵다. 양을 가지고 한 실험에 의하면 제왕절개 수술을 받아 새끼를 낳은 어미는 젖을 물리지 않는다. 새끼를 낳을 때 분비되는 호르몬인 옥시토신의 영향이 없으면 자기 새끼를 알아보지 못한다는 연구결과가 나왔다.

실험적으로 제왕절개를 하면서 옥시토신 주사를 놓아준 어미는 새끼를 알아보고 젖을 물린다. 산고를 겪지 않고 어느 날 홀연 병원에서 데려온 아이에게도 엄마가 아빠를 밀쳐내며 "아이는 내가 기를 테야"라고 할 것인지는 두고 볼 일이다. 이쯤 되면 우리는 어느새 새가 되는 셈이다. '새가 된다'는 말은 요즘 젊은 친구들에게는 그리 좋은 표현이 아니라지만, 여성들에게는 우리가 새들처럼 완벽한 일부일처제를 실행하게 되는 때가 온다는 걸 의미한다.

다윈의 성선택론에 따르면 번식에 관한 결정권은 궁극적으로 암컷에게 있다. 수컷들이 선택받기 위해 할 수 있는 일은 대개 둘 중의 하나이다. 첫째는 기가 막히게 매력적이어서 암컷들로 하여금 사족을 못 쓰게 만드는 방법이다. 공작새 수컷이 쓰는 전략이 바로 이것이다. 공작새 수컷의 화려한 깃털들은 사실 암컷에게 매력적으로 보이는 기능을 제외하곤 그리 이로울게 없다. 포식동물에게 들키기 십상이고 날기에도 거추장스러울 지경이다. 공작새 수컷은 그저 허우대만 멀쩡할 뿐 정작 자기에게 몸과 마음을 바친 암컷에게 해주는 게 하나도 없다. 동물행동학자들은 오랫동안 도대체 무엇 때문에 암컷들이 이런 겉멋만 든 수컷들에게 속절없이 끌리는지 의아해했다. 이런 예라면 구태여 동물세계로 갈 것도 없다. 우리 주변에도 매력있는 백수건달에게 마음을 빼앗기는 여인들은 얼마든지 있다. 언뜻 이해하기 어려운 이런 현상에 대해 이른바 '섹시한 아들(sexy son)'이라는 가설이 매우 흥미로운 설명을 제시한다. 섹시한 아버지의 유전자를 받아 섹시한 아들을 낳으면 그 아들이 여러 암컷들을 수태시킬 수 있다. 이것이 자연계의 수컷들이 암컷들보다 훨씬 화려하게 진화한 결정적인 이유이다.

자연계에는 이처럼 하릴없이 암컷들의 선택에 모든 걸 내맡긴 수컷들이 있는가 하면, 보다 능동적으로 암컷들의 선택과정을 조정하는 수컷들이 있다. 암컷들이 필요로 하는 자원을 독점

하여 그들의 선택권에 영향을 미치려는 전략을 사용한다. 북방코끼리바다표범 수컷들은 번식기가 되면 북미 대륙의 바닷가 모래사장에 모여 피 튀기는 처절한 격투를 벌인다. 격렬한 혈투 끝에 최종승자가 된 수컷은 넓은 면적의 모래사장을 자신의 영토로 확보한다. 그러면 그곳에 와서 새끼를 길러야 하는 암컷들이 모두 어쩔 수 없이 그의 부인들이 되고 만다. 많을 경우에는 무려 100마리가 넘는 암컷들을 거느리게 된다.

우리 인간세계에도 권력과 재력이 중요한 결혼 조건이 되기 때문에 남성들은 거의 본능적으로 이른바 '출세'를 하기 위해 온몸을 던진다. 우리 사회의 남성들이 모두 부인을 여럿 거느리기 위해 출세를 하려는 것은 아니지만, 경제력이 모자라 단 한 명의 여인도 얻지 못하는 남성들도 적잖게 있다. 일부일처제가 법으로 정해지기 전에는 그런 불운한 남성들이 지금보다 훨씬 많았다. 여성들의 경제력이나 사회적 지위가 향상되면 남성의 재력이나 권력이 상대적으로 덜 중요해질 것은 너무나 당연하다. 그렇게 되면 여성들의 남성관이 변한다. 우리 사회에 불고 있는 '꽃미남 열풍'이 좋은 예다. 『나는 미소년이 좋다』의 저자인 남승희 씨는 "여성이 독립적이 될 때 미소년 애호가 생겨난다"고 말한 바 있다. 나는 그가 얼마나 진화생물학 이론에 정통한 사람인지는 모르지만 그의 주장은 놀라우리만치 철저하게 진화생물학적인 사고의 결과이다. 영국의 진화심리학자들은 전형적인 미남의 사진을 컴퓨터로 조작하여 현대 여성들의 호감도를 조사했다. 얼굴의 어떤 부분을 조작했는지 알려주지 않으면 거의 알아채지 못할 정도의 변화였지만, 여성들이 좋아하는 미남의 얼굴은 분명하게 드러났다. 얼굴의 특정한 부분을 여성적으로 변화시킨 미남을 압도적으로 선호하는 결과가 나왔다. 예를 들면, 전형적인 미남의 얼굴에서 입술을 제거하고 여성의 입술을 대신 합성하여 만든 꽃미남 얼굴을 대부분의 여성들이 좋아했다는 것이다.

현대 여성들은 이른바 '터프한' 미남보다는 부드러운 미남을 선호한다. 강인함을 바탕으로 남성 세계의 경쟁에서 이겨 돈을 벌어다 주는 남자가 아니라, 돈도 함께 벌고, 아이도 함께 기르고, 오순도순 얘기도 함께 나눌 수 있는 귀엽고 자상한 미남을 원한다. 그래서 언제부터인가 화장하는 남자들이 늘고 있다. 1990년대 초반부터 서서히 생겨난 남성 화장품 시장은 이제 곧 걷잡을 수 없이 커질 것이다. 피부 클렌징, 팩, 자외선 차단 등의 기본적인 피부관리로부터 제모, 향수, 그리고 색조화장까지 남성들의 화장은 날로 다양해지고 있다. 나는 감히 남성 화장품 시장이 조만간 황금알을 낳는 시장이 될 것이라고 장담한다. 다만 화장을 하고 싶은데 어디에서부터 시작해야 할지 막막해하는 남성들이 많다는 점을 감안하여 남성들을 위한 새로운 기능성 화장품을 개발하는 것도 중요하지만, 남성들로 하여금 화장에 보다 쉽게 접근할 수 있도록 적극적인 교육 및 홍보 프로그램을 개발해야 할 것이다.

현대 남성들은 다분히 소극적인 단계라고 할 수 있는 화장뿐만 아니라 적극적으로 성형수술까지 받고 있다. 노무현 대통령도 얼굴에 주름을 제거하기 위해 보톡스 주사를 맞았다고 고백한 바 있다. 중년에 접어드는 많은 남성들이 노화방지 클리닉을 찾아 젊음을 되찾는 일에 아낌없이 돈을 쓴다고 한다. 얼마 전까지 쌍꺼풀 수술은 여성들이나 하는 것인 줄 알았지만 이제는 남성들이 가장 많이 하는 성형수술이 되었다. 남자의 외모도 여성 못지않게 중요하다는 이 같은 법 차원의 인식은 사회변화를 단적으로 보여주는 좋은 예다.

여성시대는 우리나라에 의외로 빨리 올 수 있다. 아들을 낳기 위해 뱃속의 딸들을 무참하게 지워버린 우리 어머니들 덕분이다. 1970년대에 접어들며 우리나라의 전통적인 남아선호 경향은 때마침 보편화된 태아 성감별법에 힘입어 엄청난 성비불균형을 초래했다. 성비는 동물들의 짝짓기 구조를 결정하는 가장 중요한 요소들 중의 하나이다. 간단하게 말하자면 귀한 성이 흔한 성을 선택할 권리를 얻는다. 애써 다른 동물들을 관찰할 필요도 없이 초등학교 교실에서는 항상 볼 수 있는 현상이다. 지금 40대 이상의 분들이라면 예전 초등학교 시절 여자

아이와 짝꿍이 되면 엄청나게 울었던 기억이 있을 것이다. 그러나 여자아이들이 상대적으로 귀해지자 정반대의 현상이 일어났다. 남자끼리 앉아야 남자답다고 여겼던 남성문화가 하루아침에 여자아이와 앉기 위해 서로 질투하며 신경전을 벌이는 분위기로 돌변한 것이다.

성비불균형의 영향은 야생동물이나 인간 모두 명확한 예측이 가능하다. 과학의 힘을 악용하여 조직적으로 성비를 왜곡한 결과로 인해 발생한 이 묘한 사회변화 속에서 최대의 피해자는 우습게도 능동적으로 성비를 왜곡한 장본인들과 그들의 아들들이다. 조만간 우리나라 남자 대여섯 명 중 한 명은 결혼할 여성을 찾지 못할 것이다. 반면 사회의 변화에 영악하게 적응하지 못했던 어수룩한 부모들과 그들의 딸들은 뜻하지 않은 이득을 누리게 되었다. 남성시대에 적응하기 위해 비인간적인 방법까지 동원했던 어머니들이 오히려 여성시대의 도래를 앞당긴 일등공신이 된 셈이다. '인생만사 새옹지마'라는 말이 바로 이 경우를 가리키는 것이 아닐까.

의외로 빨리 올지도 모를 여성시대에 우리 모두 대비해야 한다. 여성시대가 얼마나 훌륭하게 열리는가는 결국 여성들 자신의 손에 달렸지만, 나는 우선 우리 남성들이 먼저 변해야 한다고 생각한다. 시대의 흐름을 현명하게 읽을 줄 알아야 한다.

그리고 능동적으로 새 시대를 맞이할 준비를 해야 한다. 거듭 말하지만 여성시대가 왔을 때 우리 남성들이 여성들보다 더 큰 수혜자가 될지도 모를 일이기 때문이다. "무거운 짐 진 자여, 내게 오라"를 외치는 여성들의 손을 잡고 한결 홀가분하게 인생의 길을 걷게 될 것이다. 남성에게 여성은 싸워 물리쳐야 할 적이 아니다. 몸과 마음을 섞어 새로운 생명을 함께 탄생시켜야 할 삶의 동반자이다.

여성시대,
어떻게
맞이할 것인가

근대 학문은 맹목적인 지식만 축적할 줄 알았지 그를 통해
깨달음을 얻는 감동을 잃었다고 개탄해하는 이들이 적지 않다.
나는 내가 선택한 학문을 통해 이를테면 '거듭나는' 경험을
한 더할 수 없이 행복한 사람이다. 미국에 유학하여 1980년대
초에 처음으로 맞이한 진화생물학, 그중에서도 특히 유전자의
관점에서 세상만물을 바라보는 개념을 접한 순간 나는 거의
완벽하게 다른 사람으로 거듭났다.

유전자의 눈높이에서 바라보는 세상은 자칫 지극히 무의미하고
허무하다. 그러나 그 허무를 넘어서면 한없는 겸허함이 나를
다스린다. 때로 징그러우리만치 건조한 다윈의 이론이 그를
온전히 이해하고 가슴에 품고 나면 믿지 못할 만큼 따뜻한
평온으로 다가온다. 일단 거듭나고 난 다음부터는 성(sex)의 문제
즉 남녀관계 역시 내게는 너무도 또렷하게 보이기 시작했다.
남성중심의 사회는 전혀 자연적이지도 과학적이지도 않다.

모름지기 번식을 하기 위해 태어난 것이 생물이라면 그 번식의
주체인 암컷이 삶의 중심이어야 할 것은 너무나 당연하다.
우리 사회는 지금 그 중심이 제자리를 찾기 위해 옷매무새를
가다듬고 있다. 하지만 변화의 속도가 냄비에 죽 끓듯 하는
게 우리 사회인지라 나는 어떤 의미에서는 여성시대가
이 땅에 너무 급작스럽게 들이닥칠까 두렵기까지 하다.
여성의 세기가 밝았다며 온갖 호들갑은 다 떨어놓고 이
무슨 헛소리인가 하겠지만, 미처 이념도 제대로 세우지 않고
제도도 마련하지 못한 가운데 갑자기 벌어지면 걷잡을 수
없는 혼란이 올 수도 있다. 현존하는 중국 최고의 철학자라고
추앙받는 리쩌허우(李澤厚)도 "역사는 혁명(revolution)이 아니라
진화(evolution)를 통해 발전해야 한다"고 강조한다. 여성시대가
약간은 기형적으로 오고 있다는 징후는 여러 가지가 있다.
산아제한을 부르짖던 게 엊그제인데 출산율이 몇 년 사이에
세계 최저로 급감하는 식의 '혁명적' 변화는 결코 바람직하지

않다.

거듭 말하지만, 나는 요사이 '알면 사랑한다'라는 말을 아예 가슴팍에 써붙이고 다닌다. 이젠 확실하게 내 좌우명이 된 말이다. 서로가 서로에 대해 충분히 알지 못하기 때문에 시기하고 미워하고 심지어는 해치기까지 하는 것이다. 서로에 대해 깊숙이 알고 나면 어쩔 수 없이 사랑하게 되는 심성이 우리 유전자에 박혀 있다고 나는 굳게 믿는다. 유전자의 50%를 공유하는 부모자식 간에도 갈등이 있는데, 하물며 유전적으로 볼 때 전혀 남남인 부부간의 갈등은 오죽하겠는가. 여성과 남성 모두 서로에 대해 보다 많이 알려는 노력을 먼저 실천해야 한다. 이 책이 그 첫걸음을 떼는 데 도움이 되길 기대해본다.

주의 깊은 독자라면 이 책에서 내가 언어구사에까지 세심한 주의를 기울인 사실을 알아챘을 것이다. '남녀관계'처럼 이미

굳어진 말이 아니면 나는 언제나 '여성' 또는 '여자'를 '남성'
또는 '남자'라는 말 앞에 두었다. 권위주의에 입각한 수직사회가
물러가고 민주적인 수평사회가 열리는 이때 우리에게 가장
필요한 덕목 중의 하나가 바로 서로 최소한의 예의를 지키는
일과 상대방을 배려하는 마음이라고 생각한다. 서울대학교
백낙청 교수님의 퇴임기념강연에서 처음 알게 되었지만,
근대민주주의의 남녀평등론을 비판했던『채털리 부인의
사랑』의 작가 로렌스도 언어의 사용에서는 여성에 대한 배려를
잊지 않았다고 한다. '개인'을 말할 때 언제나 '남자와 여자'
양성의 존재를 분명하게 인정했다고 한다.

나는 성의 생태와 진화를 연구하는 성생물학자이다. 동시에
동물들의 사회생활을 연구하는 사회생물학자이기도 하다. 이
땅에 사는 온갖 동물들의 성생활과 사회생활을 관찰하기 위해
우리 강산 곳곳을 돌아다닌다. 그러다 보면 특별히 눈에 띄는

게 한 가지 있다. 바로 마을 어귀마다 서 있는 다양한 모습의
장승들이다. 나는 우리 남녀의 관계가 장승만 같으면 되겠다고
생각한다. 천하대장군과 지하여장군은 누가 특별히 키가 더
크지도 않으며 누가 앞서고 뒤서지도 않는다. 그저 나란히
곁에 서서 함께 같은 곳을 바라볼 뿐이다. 나는 우리 사회의
남녀관계가 너무 치열한 경쟁관계가 아니라 평온한 동반관계가
되길 바란다. 이런 점에서 논어에 있는 '화이부동(和而不同)'의
개념이야말로 바람직한 남녀관계를 위하여 우리 모두가
두고두고 되새겨야 할 교훈이라고 생각한다.

헌법재판소에
제출한
〈호주제 존폐에 대한
생물학적 의견서〉

의견서

수신 :   헌법재판소

사건 :   2001 헌가9,10 민법 제781조 제1항 본문 후단 부분 위헌 제청

            2001 헌가11, 12, 13, 14, 15 민법 제778조 위헌 제청

제청법원 : 서울지방법원 서부지원 (2001 헌가9)

             서울지방법원 북부지원 (2001 헌가11, 12, 13, 14, 15)

위 사건에 관하여 헌법재판소의 요청에 따라 호주제도의 전제인 부계혈통주의의 과학적 근거 유무 및 호주제의 존폐에 관한 전문 의견을 다음과 같이 제출합니다.

2003. 12. 12.

서울대학교 생명과학부 교수

최재천

I   과학적 의견의 의의

호주제의 근간이 되는 부계혈통주의의 정당성과 그에 따른
호주제도의 존폐에 관하여 과학자의 의견을 묻는 일은 대단히
이례적이지만 바람직한 일이라고 생각합니다. 왜냐하면
과학은 본질적으로 가치중립적이라서 호주제도와 같이 각종
이해관계로 인해 다분히 감정적으로 전개될 가능성이 높은
사회적 문제에 대해 보다 객관적인 견해를 제공할 수 있기
때문입니다. 그래서 기독교 시인 오든도 일찍이 "과학 없이는
평등이라는 개념을 갖지 못했을 것"이라고 말한 것 같습니다.
저는 이 의견서에서 철저하게 과학적인 논리로 남녀평등의
당위성을 논의할 것입니다. 역사적, 사회적, 법률적 분석은 다른
참고인들이 충분히 제공할 것이라고 판단하여 저는 오로지
과학적인 분석만을 제공하겠습니다. 개인적인 감흥에 치우친
분석이나 구호성 발언은 철저하게 자제할 것입니다. 사회정의가

반드시 투쟁과 선동에 의해 얻어지는 것이 아니라고 생각하기 때문입니다. 과학적 논리에 입각한 올바른 이해와 그에 따른 공정한 타협으로 구축한 평등이 투쟁으로 획득한 평등보다 훨씬 더 확고하다고 믿습니다.

Ⅱ   호주제의 생물학적 모순

호주제는 한마디로 전혀 생물학적이지 못한 제도입니다. 어쩌다 보니 인간세계는 아들이 필수적인 존재가 될 수 있는 지극히 인위적인 제도를 만들어냈지만 자연계 어디에도 아들만 고집할 수 있는 생물은 없습니다. 만일 있었더라도 일찌감치 멸종하고 말았을 것입니다. 누구나 아는 사실이지만 수컷만으로는 번식을 할 수 없기 때문입니다. 지구상에는 수컷을 만들어내야 할 필요를 느끼지 못해 여태 암컷들끼리만 사는 생물종들도

있고, 수컷과 함께 살다가 결국 없애버리고 암컷들만 남아
살아가는 종들도 있습니다. 하지만 암컷들을 죄다 없애버리고
수컷들끼리만 사는 종은 있을 수도 없고 실제로 이 세상
어디에도 존재하지 않습니다.우리 인간처럼 유성생식을 하는
생물들은 모두 난자와 정자가 결합하는 수정이라는 과정을 거쳐
태어납니다. 암컷과 수컷이 각각 자기 유전자의 절반을 넣어
만든 난자와 정자가 만나 하나의 수정란이 되어야 그로부터
새로운 생명체가 탄생하는 것입니다. 우리가 흔히 유전자라고
부르는 것들은 대개 한데 뭉뚱그려 세포의 핵 속에 들어 있는
DNA를 의미합니다. 그러나 세포 안에는 핵뿐 아니라 많은
세포소기관들이 들어 있습니다. 그중의 하나로 세포가 사용하는
에너지를 만들어내는 미토콘드리아라는 소기관이 있습니다.
그런데 신기하게도 이 미토콘드리아 안에는 핵의 DNA와
다른 그들만의 고유한 DNA가 들어 있습니다. 그 옛날 세포가
진화하던 초창기에는 미토콘드리아가 독립적으로 생활하던

박테리아였다는 결정적인 증거입니다. 이른바 '공생설'이라고 부르는 진화생물학 이론은 서로 다른 박테리아들이 공생과정을 통해 오늘날의 세포를 형성하게 되었다고 설명합니다. 따라서 핵이 융합하는 과정에서는 당연히 암수의 유전자가 공평하게 절반씩 결합하지만 핵을 제외한 세포질은 암컷이 홀로 제공하는 것이기 때문에 미토콘드리아의 DNA는 온전히 암컷으로부터 옵니다. 바로 이런 이유 때문에 생물의 계통을 밝히는 연구에서는 미토콘드리아의 DNA를 비교 분석합니다. 철저하게 암컷의 계보를 거슬러올라가는 것입니다. 전통적으로 남자만 이름을 올릴 수 있는 우리 족보와는 달리 생물학적인 족보는 암컷 즉 여성의 혈통만을 기록합니다. 부계혈통주의는 생물계 그 어디에도 존재하지도 않을뿐더러 존재할 수도 없습니다. 수정과 발생의 과정에서 남성이 주도권을 쥐어야 한다는 강박관념 때문에 만들어진 억지스러운 일들이 인간사회에는 심심찮게 존재합니다. 17~18세기 유럽의 생물학자들도 예외가

아니었습니다. DNA의 존재를 모르던 시절이긴 하지만 당시
생물학자들은 정자 안에 이미 작은 인간이 들어앉아 있다고
주장했습니다. '씨'는 이미 남성에 의해 결정되어 있고 이름하여
'씨받이'로 간주된 여성은 그저 영양분을 제공하여 씨를 싹
틔우는 밭에 불과하다고 설명하려 했습니다. 정자 속에 이미
작은 사람이 들어 있다는 이론을 받아들이면 실로 어처구니없는
모순에 빠질 수밖에 없습니다. 마치 러시아의 전통 인형처럼
그 작은 사람의 정자 속에는 더 작은 사람이 웅크리고 있어야
하고, 또 그 사람의 정자 속에는 더 작은 사람이 있어야 하고,
그 사람의 정자 속에 또 더 작은 사람이 들어 있어야 하고
하는 식의 무한대의 모순을 범할 수밖에 없습니다. 그릇된
이념은 결국 과학의 객관성 앞에 무너지게 되어 있습니다.
수정과정에서 암수의 역할은 다분히 비대칭적입니다. 정자는
수컷의 유전물질을 난자에 전달하고 나면 그 소임을 다하지만
난자는 암컷의 유전물질은 물론 생명체의 초기 발생에 필요한

온갖 영양분을 다 갖추고 있어야 합니다. 핵DNA는 정확하게 반씩 투자하지만 미토콘드리아 등 다른 세포소기관의 DNA는 암컷만이 홀로 제공하므로 유전물질만 비교해도 암컷의 기여도가 더 크다고 봐야 합니다. 많은 경우 유전물질이 일단 배달된 다음에 벌어지는 일에 대해서는 전혀 아는 바도 없는 수컷이 훗날 뒤늦게 정통성을 주장하는 것은 생물학자가 볼 때 어딘지 무리가 있어 보입니다. 지금 우리 여성계가 추구하고 있는 호주제 폐지는 이런 생물학적 불평등에도 불구하고 인본주의적 입장에서 그저 평등하게만 바로잡자는 것이고 보면 억지스러운 점이라곤 도무지 찾아볼 수 없는 지극히 합리적인 주장이라고 봐야 할 것입니다.

Ⅲ   호주제 존폐에 관한 개인적인 의견

저는 개인적으로 호주제 폐지는 여성은 물론, 대한민국
남성이라면 누구나 적극적으로 환영해야 한다고 생각합니다.
호주제 폐지는 남성들에게도 엄청난 생물학적 이득을
제공할 것이기 때문입니다. 우리 사회를 가리켜 흔히
남성중심사회라고 하지만, 오늘날 진정으로 부계혈통주의의
혜택을 보고 있는 남성들이 과연 얼마나 있을까 분석해볼
필요가 있다고 생각합니다. 말로만 허울 좋은 가장이지 실제로
막강한 가부장적인 권한을 휘두르며 거들먹거리는 남성들은
이제 우리 사회에 그리 많지 않습니다. 그러면서도 그 별로
이득도 되지 않는 제도가 여성들에게는 치명적인 피해를
끼치고 있다는 사실을 인식해야 합니다. 세계보건기구(WHO)
홈페이지에는 세계 여러 국가들의 연령별 남녀 사망률을
한데 모아놓은 그래프가 있습니다. 세계 어느 나라든 남성의

사망률은 여성의 사망률보다 훨씬 높습니다. 특히 번식적령기인 20대와 30대에서는 남성 사망률이 여성 사망률의 무려 세 배에 달합니다. 이러한 현상은 다른 동물들에서도 똑같이 나타납니다. 세계보건기구에 통계자료를 제공한 모든 나라들도 한결같이 똑같은 양상을 보입니다. 어느 나라든 남녀의 사망률은 서로 비슷하게 시작하여 20대와 30대에 엄청난 차이를 보이다가 40대로 접어들며 점차 비슷해집니다. 그런데 그 그래프에서 유일하게 40대, 50대로 들어서며 남성의 사망률이 하늘 높은 줄 모르고 치솟는 나라가 딱 하나 있습니다. 바로 우리들의 나라, 대한민국입니다. 전 세계를 통틀어 우리나라 40대와 50대 남성들의 목숨이 가장 파리목숨에 가깝다는 객관적인 증거입니다. 몇 년 전 우리 사회는 국제통화기금(IMF) 시대를 겪으며 엄청나게 많은 노숙자들을 생산했습니다. 가정이란 부부가 함께 꾸려가는 것이라는 인식이 있으면 그런 어려움을 당했을 때 면목이 없다며 혼자 가출을

할 것이 아니라 아내와 함께 머리를 맞대고 새로운 길을 찾을
수 있을 것입니다. 호주제도라는 양성에 모두 불평등한 제도
속에 사는 것이 아닌 외국의 남성들은 대부분 그렇게 합니다.
하지만 우리나라 남성들은 가부장의 멍에를 어쩌지 못해 그
무거운 짐을 혼자 짊어지려 합니다. 실질적인 이득도 별로
없는 허울뿐인 가부장 계급장을 떼내면 정말 편해지는 건
남성들입니다. 우선 사망률부터 정상으로 회복될 것입니다.
여성의 세기가 오면 여성만 해방되는 것이 아닙니다.
남성도 함께 해방될 것입니다. 그래서 저는 남성들이 더
적극적으로 변화를 모색해야 한다고 생각합니다. 저의
이 같은 견해를 듣고 나서도 아무리 이 세상 모든 동물들 사회에
부계혈통주의가 없다고 해서 우리 인간사회도 가져서는 안
된다는 주장은 지극히 건전하지 못하다고 생각하는 이들도
있을 것입니다. 저는 그렇게 단순한 논리를 내세우려는 것은
아닙니다. 저는 이 짤막한 의견서에서 왜 부계혈통주의가

생명의 세계에 존재할 수 없는가에 대한 근본적인 이유를 제공했다고 생각합니다. 더불어, 저는 자연계 그 어디에도 존재하지 않으며 이제는 인류 집단 그 어디에서도 유래를 찾기 어려운 호주제도가 유독 이 한반도에서만큼은 살아남아야 한다고 주장하는 논리에는 아무런 과학적 증거를 제시할 수 없음을 강조하고 싶을 따름입니다.

『여성시대에는 남자가 화장을 한다』 20주년 기념 특별 좌담

박한선

서울대학교 인류학과 교수. 경희대학교 의과 대학 졸업 후 분자생물학
전공으로 석사학위를, 호주국립대학교 CASS에서 석사학위를
받았다. 서울대학교 인류학과에서 진화인류학 박사학위를 받고,
서울대학교병원 신경정신과 전임의 및 서울대학교 비교문화연구소
연구원을 지냈다. 지은 책으로『인간의 자리』,『감염병 인류』(공저),
『마음으로부터 일곱 발자국』외 다수가 있다.

이철희

서울대학교 경제학부 교수. 시카고대학 경제학과에서 박사학위를
받았고, 시카고대학 인구경제학연구소 연구원과 뉴욕주립대학교
경제학과 교수를 역임하였다. 생애에 걸친 건강의 결정요인, 산업과
기술의 변화가 고령노동에 미치는 영향, 인구변화의 요인과 영향 등을
연구하였다. 저서로『한국의 고령노동』등이 있으며, 국내외 학술지에
약 90편의 논문을 발표하였다.

정희진

여성학 연구자. 서평가. 월간 오디오 매거진 〈정희진의 공부〉 편집장.
다학제적 관점에서 공부와 글쓰기에 관심이 있다. 서강대학교에서
종교학과 사회학을 공부했고, 이화여자대학교에서 여성학으로
석사·박사학위를 받았다. '정희진의 글쓰기' 시리즈(전 5권),『다시
페미니즘의 도전』,『페미니즘의 도전』,『아주 친밀한 폭력』,『혼자서
본 영화』,『정희진처럼 읽기』,『낯선 시선』등을 썼다.

바쁜 시간 내주시고 자리해주셔서 감사드립니다. 제 입으로
얘기하기 민망하지만 이 책은 약간은 시대를 앞서간 면이
있는 책인데요. 호주제 폐지 같은 사회적 변화뿐 아니라
섹슈얼 셀렉션(sexual selection) 즉, 성선택에 대해 우리나라에서
일반인에게 최초로 설명했습니다. 그런데 책을 쓰다 보니
우리 시대의 여성문제를 논하게 되고 그러다 헌법재판소까지
불려가면서 책의 강조점이 약간 틀어졌어요. 그런데 사실
저는 그 부분이 우리 사회에서 여성의 지위나 여성관이 바뀌는
데 조금이나마 기여한 게 있을 것 같아 은근히 자랑스럽게
생각합니다. 20주년을 맞이해 새로운 내용을 포함해 완전히
업데이트하면 좋겠지만, 그 대신 좋은 선생님들을 모시고 이
책의 의의와 그때부터 지금까지 변화된 우리 사회의 모습에
대해 토론하고 그 내용을 담자, 그것으로 이 책의 시대적
의미와 역사성을 나름대로 살리면서 또 새롭게 조명할 수 있지
않을까 하는 취지로 이 자리를 마련했습니다.

이야기를 여는 차원에서 제가 성선택을 연구하게 된 배경을
말씀드리면, 하버드에서 공부를 시작했던 1980년대 초는
성선택 연구가 막 폭발하던 시절이에요. 저는 에드워드
윌슨 교수님 연구실에서 사회성 진화를 연구하려고 했는데,

연구실에서 대부분 연구하던 개미가 아니라 흰개미의 사회성 진화를 연구하고 싶었어요. 흰개미는 개미보다 훨씬 더 복잡한 사회를 만들어내기 때문에 연구할 가치는 충분하지만 연구하기가 아주 어려워요. 끊임없이 가림막을 세워서 관찰하기 어렵게 만들거든요. 실질적인 관찰이 잘 안 되니까 이론적인 연구도 자꾸 뒤처졌어요. 그래도 그 연구를 하고 싶었어요. 그래서 민벌레(Zoraptera)를 연구하겠다고 했더니 교수님이 말리셨어요. 허락받기까지 꼬박 1년이 걸렸는데 결국 밝혀낸 건 별로 없었어요. 너무 어렵더라고요. 그렇게 갈 길이 멀었지만 민벌레를 계속 들여다보면서 일부다처제를 하는 종을 신종으로 기재하기도 했어요. 박사학위 논문을 다 쓰고 나니까 성선택 부분이 거의 3분의 2를 차지했어요. 당시에 이미 개미만 연구해서는 교수 되기가 약간 힘들어졌는데, 저는 아무도 연구하지 않던 걸 혼자 한 셈이 되었어요. 학위를 받고 2년 만에 운 좋게 교수가 된 건 성선택을 연구했던 덕분인 것 같아요.

박한선

책이 출간된 지 벌써 20년이 되었습니다. 지난 20년 동안 책을 쓰셨을 때와 시대적 상황과 갈등의 양상이 달라졌을 텐데, 이러한 변화를 어떻게 보시는지요? 그동안 여성성과 남성성에 대한 담론이 변화하는

최재천

제가 이 책을 한창 기획하고 있던 1999년 연말에 EBS에서
강연 시리즈를 제안해왔어요. 그래서 여섯 번에 걸쳐서 강연을
했는데, 그때가 새천년이 시작되는 때였잖아요. 그래서 뭔가
미래를 얘기하려고 그때 기준으로 보면 겁 없이 '여성의
세기가 밝았다'라는 제목으로 강연을 시작한 거예요. 근데
저는 그게 겁 없는 짓인지도 전혀 몰랐거든요. 미국에서 성선택
연구할 때 너무나 편안했고 그에 대한 어떤 사회적인 압박도
없었으니까요. 그러던 제가 한국에 돌아와서 분위기 파악을 못
하고 추태를 부린 겁니다.

저는 매우 전형적으로 가부장적인 집안에서 자랐습니다.
밥에서 돌이 나오면 아버지는 숟가락을 그대로 내려놓고
어머니가 밥을 새로 해오실 때까지 돌아앉아서 신문을 보고
계셨어요. 저희도 수저를 놓고 기다려야 했고요. 그런데
어쩌다 미국에서 대단히 진보적인 여성을 아내로 맞았어요.
장인어른이 바로 여기 이화여대 생물학과 교수님이셨는데
매우 진보적인 분이셔서 제 아내는 여성차별을 미국에서 처음
겪었대요. 한국에서 크면서 여성이라고 차별받는 걸 한 번도

경험하지 못하고 20대 중반이 되어 미국에 왔는데 미국에서
오히려 차별을 경험하고 불같이 화를 냈다는 거예요. 저는
미국에서 그 사람을 만나 그 사람을 통해 새로운 시각으로
사회를 보게 되었는데, 15년 만에 다시 돌아온 내 모국이 여러
면에서 옛날보다는 표면적으로 많이 좋아졌더라고요. 근데
근본적으로 바뀌는 것은 아니잖아요. 그래서 그런 얘기를 한번
해보고 싶어서 '여성의 세기가 밝았다'라며 떠들어댔는데.

박한선

그런데…… 정말 여성의 세기가 밝은 것 같습니까?

(일동 웃음)

최재천

아니 그때 생각에는 밝았다기보다는 밝아올 거라 예상을 하고
판을 좀 깔아보려고 한 거죠.

박한선

그러면, 그 예언이 좀 실현이 됐다고
자평하시는지요?

(일동 웃음)

그게 두 번째 강연에서 너무 평범하게 예정에 없던 얘기를
한마디 했다가 그만 사달이 난 겁니다. 그동안 내내 자연에서
동물들을 관찰했는데 거기에는 호주제라는 게 없더라. 근데
만일 호주제가 있다면 호주는 당연히 암컷일 수밖에 없다. 이런
얘기를 그냥 평범하게 했어요. 그런데 그다음 날부터 제가
전화를 못 쓰는 불상사가 벌어진 거죠. 거의 코드를 뽑아놓고
살았는데 어쩌다 잘못 받으면 어김없이 쌍욕을 듣곤 했지요.
근데 그러는 와중에 여성 분들의 전화를 몇 번 받게 됐는데
그게 저한테 준 충격이 참 컸어요. 어떤 분은 정말 대성통곡을
하시더라고요. 선생은 어디 있다가 이제 나타났냐 하시며 몇십
년 체증이 확 쓸려나간 것 같다 하시더라고요. 그런 전화를 몇
차례 받으면서 기왕에 욕 먹는 거 한번 덤벼보자 생각했습니다.
그래서 책도 내고, 강연도 더 많이 하고. 강연장에서도 그때는
욕 많이 먹었어요.

그래도 형식적으로나마 이 땅에서 호주제도라는 끔찍한
제도가 없어졌다는 건 나름 굉장한 사회변화의 시발점이
됐다고 저는 평가하는 거죠. 그러다가 갑자기 최근에 '이대남',
'이대녀'라며 갈라치기를 도모해 여혐, 남혐을 조장하는
행태는 참 당황스러워요. 정희진 선생님은 이 흐름을 어떻게

보고 계시는지 궁금합니다. 저는 그래도 바람직한 방향으로
변화하고 있다고 생각했거든요, 큰 흐름은. 그리고 이 흐름이
이어가면 그리 머지않은 미래에 대한민국 사회가 성(性)이
사회생활을 하는 데 지장을 초래하는 요소로 작용하지 않는
정상적인 사회로 변모하는 과정에 있다고 생각했는데 지난 몇
년 동안 갑자기 급격히 악화됐다는 생각이 듭니다.

정희진

저는 선생님 책을 읽기 전에 강의를 먼저 들었는데,
그때 조선시대 가정폭력 얘기까지 하셨어요. 그래서
상당히 인상적이었는데 이번에 책을 다시 보니까
너무 좋은 거예요. 생물학 지식과 정보를 많이
배우기도 했고, 강의하거나 글을 쓸 때 인용할
게 많았습니다. 그다음에 저는 선생님이 이렇게
급진적인 분이신지 몰랐어요. 어떻게 이런 분이 한국
사회에서 서바이벌을 하셨을까 싶었어요, 그것도
'주류'로.

한국 사회에서 남성 페미니스트가 설 자리가
취약하죠. 남성 페미니스트들을 위한 어떤 공동체가
만들어져야 하고, 그분들끼리 인식론적인 전환이

지속되어야 한다는 생각이 들었어요. 거기서
새로운 이론이 나올 수 있다고 생각해요. 제 생각엔
이 책 제목을 '성선택설'로 하면 어떤 면에서
더 대중적이지 않을까. '화장을 한다'보다는요.
성형수술을 여러 번 한 남성이 방송에 나와서 남성도
외모를 가꾸고 자기도 멋있는 사람이 되고 싶다라고
얘기를 한 이후에 다른 남성들에게 사이버테러를
당한 일이 있었어요. 남성문화에서 남성은
역사적이고 사회적인 존재지 생물학적이거나
외모적인 존재가 아닌데 네가 남자 망신을 다
시켰다는 거였죠. 그 남성분은 방송에 나온 걸 엄청
후회하셨대요. 그러니까 남성이 외모에 신경을
쓴다는 것은 어느 정도까지이지, 여성들만큼 그렇게
시민권을 좌우하는 그런 문제는 아닌 거죠.

박한선

정희진 선생님 말씀을 듣고 보면 최재천 교수님의
예언은 실현이 어렵겠는데요. 그런데 정말 요즘 젊은
남성들은 화장을 많이 하지 않습니까?

정희진

좀 하는데 그게 여성들이 하는 것과 비교할 수는
없지요.

박한선

색조 화장처럼 진한 것까지는 아니더라도,
많은 남성이 화장을 하죠.

정희진

제 생각에는 여성시대라면, 남성이 화장이 아니라
가사노동을 해야 하지 않을까. 그리고 요즘 현상,
그러니까 20대 남성갈등은 계급문제라고 봐요. 최재천
선생님께서 쓰신 책이나 서구의 페미니스트들이
쓴 책들이 훌륭하고 또 저는 그 책들을 통해 배우고,
제3세계 여성의 입장이라든가 탈식민주의 입장에서
보면 이론의 어떤 기본적인 틀은 되지만 결국
중산층의 경험이잖아요. 선생님께서 강조하시는
생계부양자로서의 고통이라든가 힘듦이라든가
과로사라든가 하는 것이 중산층 남성의 경험이지
모든 남성이 부양자 역할을 하는 것은 아니거든요.
그러니까 남성들이 힘들다라는 것에 대해서 어떤

부분은 인정하지만, 여성들은 그렇게 생각을 안 하는
거죠.

최재천

그렇죠.

정희진

왜냐하면 대부분의 여성들은 공사 영역에서
두 가지 일을 동시에 하니까요. 그런 점도 있고,
박한선 선생님은 '섹스(sex)', 저는 '젠더(gender)'라서
그렇다기보다는 여성주의에서는 섹스의 차이가
차별을 만들어내는 것이 아니라 권력의 차이를
만들어낸다고 해요. 최재천 선생님 책에서 제가
공감했던 부분 중 하나가 '인간을 남녀로 나누는
것보다 동적인 사람과 정적인 사람으로 나누는
게 더 현명할 것이다'라고 하신 부분인데요, 제가
내성적이라 그런지 그편이 더 살기 편한 세상일 것
같다는 생각이 들더라구요. 그러니까 '메일(male)'과
'피메일(female)'을 동물사회에서 구분하는 것과
인간사회에서 구분하는 것은 그 의미가 다른데
선생님께서는 그걸 가져와서 과학적으로 설득을

하신 거죠.

그런데 그걸 또 역이용해서 동물이 그러니까 인간도
그래야 된다라는 식으로 생각하는 사람들이 있잖아요.
쉽게 얘기하면 선생님께서는 통섭을 잘하신 것이고
같은 과학적 현상이라도 어떻게 해석하느냐가
중요한 거죠.

최재천

생각보다 그렇게 오해받은 부분이 되게 많았어요. 그 이후에
제일 당황스러운 건 여성학자들로부터 기껏해야 남성이
뭘 이해하겠느냐는 식의 반응이 나오면 좀 섭섭하기도 했지요.
책에서도 고백했지만 그렇게 가부장적인 아버지 밑에서
큰 제가 '올해의 여성운동상'이라는 걸 받았다고 아버지한테
어머니가 얘기를 드렸대요. 그랬더니 아버지가 하시는 말씀이
내 몸으로 낳은 자식인데 난 도대체 이해가 안 가는 놈이다.
두 번 그런 말씀을 저한테 하셨는데 제가 서울대에서 자리를
옮길 때 아버지한테 상의를 하면 보나마나 대노하실 것 같아서
상의 말고 통보를 했어요. 제가 다 결정한 다음 찾아뵙고
사실은 이러저러해서 제가 다음 학기부터 이화여대로 간다고
말씀드렸는데 말씀을 전혀 안 하시더라고요. 그러더니 방으로

들어가버리셨어요. 근데 얼마 있다가 어머님 말씀이 어떻게
내가 낳은 자식인데 저렇게 이상한 놈이 있냐고, 나 같으면
백번을 죽었다 깨도 서울대를 떠나 이화여대로는 안 간다고.

정희진

그러니까 두 번 다 젠더 문제였네요, 선생님.

최재천

그렇죠. 사실 저도 제가 신기해요. 아내랑 미국에서 만나
결혼해서 처음에 무지무지 많이 싸웠어요. 저는 아들만
있는 집에서 크면서 어머니가 유일한 여성인데 어머니는
아버지한테 늘 핍박받는 여성이었지요. 제가 책에도 그렇게
썼지만 나는 이다음에 장가가서 돌을 씹으면 아내 몰래
삼키리라 결심하고 컸어요. 근데 제가 인식할 수 있는 세계가
딱 거기까지잖아요. 바깥의 세계를 모르면서 내가 만날 내
여성에게는 잘해줄 거야. 그저 거기까지만 생각한 거죠. 근데
막상……

박한선

밥에 돌이 있어도 참아줄 텐데, 이것만으로도
내가 얼마나 좋은 남편이야? 이렇게 생각하셨다는

말이죠?

(일동 웃음)

최재천

그렇죠. 그리고 제가 지금도 그렇지만 요리만 안 할 뿐 집안일을 거의 다 함께 하거든요. 청소도 하고 이것저것 다 하는데 결국 요리를 하지 않으면 집안일을 하는 게 아니더라고요. 요리가 끝판왕이더라고요. 근데 저는 지금도 요리는 거부하고 있는데 제 아내가 당신이 요리를 하면 잘할 사람인데 악착같이 안 하는 거다. 그래서 그건 맞다고 시인했습니다. 요리를 한다는 건 부엌을 경영하는 거잖아요. 재료에 대해 늘 신경 쓰며 주방을 관리하는 건 나 못 하겠다. 저는 지금도 요리는 절대 안 합니다. 요리를 만약 백종원 씨처럼 옆에서 다 도와주고 요리만 해라 그러면 하죠.

박한선

주변에서 다 도와주면, 집안일도 즐겁죠.

최재천

지금도 여전히 지적당하고 살고 있지만, 그래도 제가 제법 많이 변할 수 있었던 배경은 역시 제가 성선택을 공부한 데 있다고 생각해요. 다윈의 성선택을 이해하고 나면 우리 대한민국의 남녀문제들이 얼마나 부질없는지 보이기 시작합니다. 그걸 생각하면 때론 답답하기도 하고요. 아까 지적하신 대로 이게 결국 권력의 문제잖아요. 저는 지금 우리나라의 인구문제도 결국은 권력의 문제에서 출발하는 면이 있다고 생각하는데, 얼마 전에도 학생들 앞에서 이런 얘기를 했다가 분위기 영 안 좋아졌습니다. 어느 남학생이 교수님은 입만 열면 남자가 잘못한다고 그러시는데……

박한선

젊은 남학생은 (지금의 세상에 대해 책임이 없으니) 좀 서운할 수도 있겠습니다.

최재천

바뀔 가능성이 더 많은 쪽은 지금 현재로서는 여전히 남성이라고 생각합니다. 변화의 폭이 남성에게 훨씬 넓을 수 있다고 생각합니다. 우리나라 저출생 문제도 다 연결되어 있는 문제잖아요.

이철희

아까 아버님께서 굉장히 가부장적이라고 하셨지만,

책에서 선생님 유학 떠나실 때 퇴직금까지
털어주시고 선생님과 같이 시간을 보냈다고 해서
굉장히 감동적이었는데 또 그런 스토리가 있는지
몰랐고요.

제가 읽으면서 약간 서글펐던 것은 남성이든
여성이든 사람이 사람으로서 다 똑같고 평등하다는
것을 인정하기 위해서 이렇게 생물학적인 근거까지
필요한가 하는 것이었습니다.

(일동 웃음)

최재천

정곡을 찌르시네요.

이철희

저는 인구나 출산문제를 연구하면서 우리나라나
동아시아에서 출산이나 노동시장에서 여성의
성과와 관련해서 성역할 규범이라든가 문화적인
규범이 굉장히 중요한 역할을 했다고 판단하고
있어요. 아까 최 교수님 경험하신 것과는 비교가 안
될 정도지만 저도 전화를 한번 받아본 경험이 있어요.

성역할 규범을 정확하게 측정하기는 좀 어려워요.
한국 같은 경우에는 아들 선호가 지방에 따라 많이
다른데, 특정 지역은 아들 선호가 굉장히 강하고요.
우리가 관찰할 수 있는 걸로 드러난 것이 대개
1980년대 후반부터인데, 이때부터 출생성비가
불균형을 보여요. 지역마다 차이가 있는데
대구·경북 지역은 여아 100명에 남아가 130명에서
132명까지 올라간 적이 있고요.

1990년이 말띠, 그중에서도 백말띠해였어요. 말띠
여자가 태어나는 것을 피하려고 아이를 아예 안
낳거나 여자라고 판명되면 아이를 지우는 일이
있었죠. 그때 우리나라 출생성비가 116, 117까지
올라갔거든요. 그해 대구·경북은 130까지
올라갔었고요. 그걸 이용해서 출생성비가 1990년대
초에 굉장히 많이 올라갔던 지역은 남아선호가 강한
지역이고 그 지역에서 태어난 부모를 두거나 그
지역에서 태어난 사람이 나중에 어떻게 됐을까를
봤어요. 그랬더니 출생성비가 높았던 지역에서
태어난 남자와 결혼한 여자가 일을 훨씬 더 많이
하더라고요. 가사노동을 하루에 65분 더 하는 것으로
나왔어요.

당시에 제가 지역은 언급하지 않았는데, 그걸 어떻게 확인했는지 '대구·경북 남자랑 결혼을 하면 하루에 60여 분 더 일한다'는 기사가 났어요. 그다음 날 연구실로 전화가 와서 받았더니 대뜸 "이철희 교수 바꿔" 그러더라고요. 그 순간에 제가 긴장을 했는지 제 목소리가 교수답지 않았는지 그렇게 물어보길래 "지금 안 계시는데요" 했죠. 저를 조교라고 생각한 것 같아요. 저를 붙잡고 30분 동안 불평을 하면서 "우리 아들 장가는 어떻게 가라고 그따위 얘기나 하고 그러냐" 그래서 "그럼 어떻게 하면 좋을까요?" 했더니 "사표 쓰라고 그래" 그래서 "그건 좀 너무 심하지 않을까요" 했죠.

(일동 웃음)

저는 연구실에 조교 없이 저 혼자 있습니다. 그런 일로도 어느 정도 영향이 있었던 터라 선생님이 대단하시다고 생각합니다. 연구하면서 보니까 문화적인 태도라든가 규범처럼 자라면서 부모의 영향을 받아 몸에 배는 것 때문에 세상이 바뀌어도 태도가 바뀌기 어려울 수 있다는 생각이 듭니다.

하나는 선호가 뱁니다. 엄마가 아침에 따뜻한 밥 먹이고 부엌 출입 안 시키면 그게 몸에 배는 거죠. 연구해보니 출생성비가 높은 지역에서 태어난 분들은 1980년대 세탁기가 보급될 때 세탁기 구매를 덜 했더라고요. 손빨래를 하는 것에 익숙한 면이 있고, 그런 분들은 외식이나 배달주문도 덜 하고요. 집에서 아침부터 따뜻한 밥 먹고 나가는 게 몸에 밴 거겠죠.

두 번째는 하고 싶어도 못 하는 거예요. 어린 시절에 안 하다 보니까 집안일을 잘 못하게 되고 그렇게 하느니 하지 마라. 그러면서 여성이 하는 일이 더 느는 경우도 있죠. 여성의 경제활동도 늘고 임금도 상대적으로 올랐지만 가사노동 분담은 지난 20년 동안 거의 바뀌지 않았어요. 맞벌이 부부라 하더라도 여전히 여성이 80% 이상의 가사노동을 담당합니다. 약간 줄긴 했지만 거의 변하지 않았고요.

최재천

65분 속에 많은 게 포함돼 있네요. (웃음)

이철희

근데 지난 20여 년 동안 노동시장 등지에서는
선생님께서 예견하신 것처럼 엄청난 변화가
있었어요. 여자 대통령도 나오고, 여성 총장도
나오고. 그런 특정한 사례뿐만이 아니라 전반적으로
여성의 진보가 엄청나게 두드러지게 나타났어요.
교육도 2009년을 기점으로 여학생이 대학 가는
비율이 높아졌습니다. 이것이 결과로도 나타나서
저희 학교 같은 경우에도 2000년 직전에는
경제학부에 들어오는 여학생이 한 15% 정도였는데,
2000년대 중반에는 40%를 넘었고요. 고시 합격자를
보면 1999년 정도에는 여성이 20% 미만인데,
1999년 이후부터 크게 늘어서 합격자의 3분의 2가
여성인 경우도 있습니다.

지금은 폐지가 됐습니다만 사법연수원이 있던
시절에는 사법연수원 졸업 성적에 따라서 판검사로
임용이 되는데 2001년, 2002년에는 여성의 비율이
20%였습니다. 2012년, 2013년에는 그 비율이
70%로 늘어납니다. 단 10년 사이에 말이지요.
여전히 부족한 면이 많지만 선생님께서 책을

쓰신 시점부터 지금까지 여러 가지 상당한 정도의 변화가 있었다고 생각이 되고요. 제 판단으로는 사회경제적인 변화도 있었지만 인식과 규범의 변화가 중요하지 않았나. 그러니까 지금 변화를 주도하는 젊은 세대가 대개는 1990년대 말 이후에 대학에 들어왔던 세대인 것 같은데요.

얼마 전에 노벨경제학상을 받은 클라우디아 골딘(Claudia Goldin) 교수가 미국에서는 1970년 이후부터 소위 '조용한 혁명'이 일어나서 그 시기 여성들이 예전과 달리 미래에 대한 기대를 가지고 여러 준비도 하고 학교에서 수학도 더 열심히 듣고 전공선택도 하고 그랬다는 겁니다. 한국도 들여다보면 정확히 한 1980년대부터 시작해서 전공선택의 비중도 굉장히 많이 바뀌었습니다. 지금은 여성들이 취업시장이라든가 나중에 일로 연결되는 분야로 훨씬 더 많이 가게 되었지요.

이런 변화가 가능했던 것은 부모 세대가 변해서 그런 것 같습니다. 지금 여성들의 부모 세대는 본인들은 어떤 경험을 했을지 모르지만 아이들에 대한 기대가 과거에 비해 많이 바뀌었습니다. 그걸 실제로 보여준 근거도 있습니다. 1990년대 중반에 한 신문사에서 부모들한테 자녀가 나중에 어떤 직업을 가지면 좋겠느냐고 물어봤습니다. 딸에 대해서는 제일 많은 것이 교사고 두 번째는 주부였습니다. 아들에 대해서는 지금과 크게 다르지 않고요.

근데 2015년, 2016년에 나온 조사 결과를 보게 되면 남성과 여성에 대해 기대하는 바가 별로 차이가 없습니다. 거의 분포가 비슷하고요. 또 과거에는 여성들을 공부를 좀 덜 시키고 전공선택에서도 그런 면이 보였는데 지금은 그러지 않고요. 앞서 말씀드린, 지역의 출생성비를 가지고 아버지가 다소 보수적인 집안에서 딸을 어느 전공으로 보내는가를 봤거든요. 근데 옛날 세대 같은 경우에는 아버지가 보수적인 지역 사람이면 딸은 보통 여성들이 많이 가는 전공을 택합니다. 그게 아주 확연히 보이거든요. 2000년 이후 그런 경향이 많이 사라집니다.

여전히 부족하지만 그런 것들이 지난 20년 동안에 일어났던 많은 변화들을 추동한 원동력이 아니었나

싶고요. 그런 점에서 이 책에서 다루고 있는
내용들이 상당히 예언적인 면이 있는 것 아닌가
생각했습니다.

최재천

누가 저 보고 돗자리 깔지 그랬냐고 하더군요. 부모 세대의
인식이 바뀐 무슨 계기가 있을까요?

이철희

대개는 본인들의 행위를 바꾸기는 굉장히 어렵지만
교육이나 경험을 통해 자녀들에게는 그러지
말아야겠다는 생각이 강하게 작동한 것이 아닌가
생각이 좀 드는데, 그 부분은 좀 더 들여다봐야 할
것 같습니다. 사회적 규범이라든가 인식의 변화를
가져온 원동력이 무엇이었겠는가 하는 건 지금 몇
가지가 있는데요.

하나는 사회경제적인 변화가 인식의 변화에 미치는
요인인데, 과거에는 여성들의 일자리가 부족하고
임금도 낮았기 때문에 부모 입장에서는 아들한테
투자하는 것이 훨씬 남는 장사였거든요. 근데 그게

많이 바뀌면서 딸한테 그렇게 차별적으로 덜 투자할
이유가 없고요. 실제 데이터상으로도 여성이 일도
별로 안 하고 여성의 상대적인 임금이 굉장히 낮은
지역에서는 출생성비가 훨씬 느리게 떨어집니다.
아들 선호가 훨씬 느리게 사라지는 것이죠.

그에 비해서 여성의 상대적인 임금도 많이 올라가고
경제적 참가율도 더 높은 지역 같은 경우에는
출생성비에 드러난 아들 선호가 훨씬 더 빨리
떨어지는 것을 볼 수 있습니다. 그러한 사회적인
변화나 경제적인 변화도 결국은 사람들의 인식을 좀
다르게 만든 면이 있었을 것 같습니다.

두 번째는 사회적인 보험이라든가 사회보장제도
같은 게 만들어지니까 아들한테 나중에 경제적으로
기대하는, 같이 살아야 한다거나 하는 부분이 다소
없어진 것도 작용을 하지 않았나 생각됩니다.

최재천

같이 살기 싫어하는 분도 많으시고. (웃음)
제 딴에는 제가 이 책을 쓸 무렵에 그래도 미래가 이렇게 변해갈 것이라는 예측도 좀 했고 그런 조짐도 좀 있었어요.
집에서도 저는 계속 지적당하는 게 호주제 폐지하는 데
기여했더라도 당신이 생각하는 것처럼 실제로 여성의 삶이
대한민국에서 그렇게 나아졌다고 생각하지 않는다고 제 아내는
이야기합니다. 그래도 뭔가 변화했다고 생각하세요? 아니면
적어도 변화하는 중이라고 생각하세요? 아니면 이게 모두
허상인가요?

이철희

이게 충분하다는 건 아닙니다. 임금격차도
우리나라가 세계에서 제일 크고요. 추세로 보면 지난
20년 동안에 진보가 있었지만 여전히 차이가 굉장히
크다고 할 수 있습니다.

정희진

선생님 말씀에 좀 부언하자면 예전에 남아선호가
컸기 때문에 우리나라가 미국보다 초음파 기술이
100년 앞섰다느니 이런 얘기까지 있을 정도인데,
지금은 거꾸로 그 남아를 중절하는 현상이 있죠.
자녀 수가 줄었잖아요. 한 자녀나 두 자녀니까
자녀들에 대한 투자가 성별과 관련 없이 일어나는
부분이 있고.

여성들이 변하지 않았다고 생각하는 또 한 가지 핵심적인 것은 평균 성별 임금격차고요. 전체 남성들의 월급이 100이라고 치면 전체 여성들의 평균 임금은 58에서 62 거의 60, 미국은 70 정도라고 하더라고요.

일단 여성들이 공부는 잘해요. 성적은 좋은데 실제 현장에서는 여성의 교육수준이나 숙련도 하고 상관없이 문화적인 차별이 심해요. 그다음으로 제일 큰 게 여성에 대한 폭력이죠. 여성에 대한 폭력은 제대로 조사하거나 통계화하기가 어렵잖아요. 여성에 대한 폭력, 즉 젠더에 기반한 폭력(Gender-based Violence)은 가정폭력이나 성폭력 혹은 성매매는 복잡하지만 성착취로 본다면…… 아무튼 여성에 대한 폭력 분야가 너무 비가시화되고 여성들이 이걸 젠더문제가 아니라 안전문제로 받아들이면서 굉장히 많은 여성들에게 어필이 된 것 같아요. 페미사이드(여성 살해)는 사실 옛날부터 있었는데 강남역 사건 같은 걸 계기로 혜화역에 몇만 명이 모이고 그랬잖아요.

그러니까 신자유주의 체제가 선생님께서 책을
쓰셨을 때랑 현재랑 가장 큰 차이인 것 같아요.
근데 신자유주의 체계에서 가장 핵심적인 것은
'각자도생'인데 다른 말로 하면 여성의 개인화를
촉진시킨 면이 있잖아요. 여성이 성역할을 주로
담당하는 사람에서 어쨌든 고립적이나마 개인화가
된 상태에서, 여성들의 어떤 인식은 굉장히
높아졌지만 남성들은 그에 못 미치는 거죠. 사실
저는 성차별 그 자체보다 성차별에 대한 남성 간의
인식차가 너무 크니까 사회갈등으로 나타나는 것이
걱정돼요.

박한선

제가 연구하는 진화생태인류학의 관점에서 중요한
건 각 개체가 위치한 사회생태학적 조건이거든요.
물론 교육의 문제도 있겠지만요. 그런데 동물연구든
인간연구든 암컷에 대한 강압적 전략을 취하는
개체는 주로 서열이 낮은 개체입니다. 알파수컷, 즉
우월한 지위에 있는 수컷은 안 그래도 짝을 찾을 수
있으니 무리한 일을 벌일 이유가 없으니까요.

그래서 한국 사회, 특히 20대에서 이런 문제가
정말 두드러지고 있다면, 아마 자신의 사회적 위치,
그리고 미래의 가능성을 부정적으로 판단하는 젊은
남성이 많아지고 있다는 뜻인지도 모르겠습니다.
만약 지금의 한국 사회가 젊은 남성에게 희망을
주지 못하고 있다면, 양성평등에 관한 교육만으로
해결될 문제는 아니거든요. 곳간에서 인심 난다고,
전반적으로 삶의 조건이 나빠지면요, 아무리
성평등한 곳이라고 해도 부부싸움이 벌어지거든요.

인류학적으로 성역할이 분명하게 나뉘는 곳이 특히
서유럽과 동아시아입니다. 일본, 한국이 특히 그렇고,
중국은 조금 덜하고요. 도대체 왜 이럴까요? 인류학
연구에서 쟁기질을 하는 농경사회와 그렇지 않은
농경사회를 나누어 보니, 전자에서 성적분업이
더 강력하게 나타난다고 했습니다. 일 년에 겨우
한 번 농사지을 수 있는데, 그것도 아주 힘든 노동이
동반되어야 하는 곳이니까 말이죠. 그래서 가족
구성원이 성역할을 나눠서 전체 이득을 최대화하는
전략이 유리했던 거죠. 오랜 세월을 거치며 문화로
굳어졌고요.

그래서 이전 세대의 남성에 대해서 변호를 하고 싶어요. 기성세대 남성이 갑자기 하늘에서 뚝 떨어진 건 아니거든요. 나쁜 의도를 가지고 '여자를 억압하고 싶다, 그래야 내가 기쁘다'는 악마 같은 그런 존재는 아니니까요. 험난한 생태적 환경 속에서 적응하기 위한 다양한 성적분업전략이 오랜 세월 동안 굳어졌는데, 현대사회에서 삐걱거리게 된 것 같습니다.

이제 쟁기질하며 사는 것도 아닌데, 바뀐 현실을 따라가지 못하는 불일치 현상이 일어난 것 아닌가. 한국 사회는 근대화가 너무 빨리 일어났거든요. 그래서 충돌이 발생하고 있는 것 같아요.

하지만 지난 20년, 아주 짧은 시간이지만 가시적 변화가 정말 분명합니다. 호주제 위헌 판정 같은 법적, 제도적 변화도 그렇지만, 일상의 변화도 분명한 것 같아요. 최재천 교수님은 답답한 마음으로 책을 쓰셨을 테고, 물론 그런 앞선 주장에 항의도 있었을 테죠. 저는 그것도 다양성의 하나가 아닐까 싶어요. 어떤 사람은 조금 빨리 가고, 어떤 사람은

조금 늦게 가니까요. 네. 그렇게 보면 (돌밥을 씹고
돌아앉으신) 아버님의 행동도 좀 이해할 수 있지
않을까 생각합니다.

(일동 웃음)

정희진

저희 아버님이 1937년생이신데 만만치 않으셨어요.
그 뒷바라지를 제가 했는데 아버님들 많이 그러셨죠.

박한선

맞습니다. 그래도 당신들 이익을 위해서 그러신 건
아니니까요. 최 교수님 아버님도 자식을 위해서 정말
모든 걸 희생하신 걸 보면, 결국 가족이 다 잘되기를
바라신 것 같아요. 다만 그분들이 옳다고 생각했던
삶의 질서, 원칙이 있었던 것인데, 세상이 너무 빨리
변해서 갑자기 구식이 된 것이라고 생각합니다.

최재천

우리는 너무 모든 게 압축성장을 하다 보니까 거기에서
벌어지는 여러 가지 불균형이 생기는 거겠죠. 책에서 저는
그런 설명을 하느라고 제법 애썼는데 우리가 수렵채집을 하던

시절이 훨씬 길었잖아요. 수렵채집사회에서는 남자가 딱히
우월하다고 볼 수 없습니다.

박한선

맞습니다. 수렵채집사회는 높은 수준의
성평등사회입니다. 물론 남성과 여성의 역할
차이는 있지요. 원정 사냥은 아무래도 남성이 많이
하고, 육아는 여성이 많이 합니다만, 그런 기능적
차이를 제외하면, 사회적 권력의 차이는 두드러지지
않습니다.

최재천

그 시대를 한번 연상해보면 누가 저녁상을 차리느냐가 굉장히
중요하잖아요. 아빠는 사냥을 다녀왔고 엄마는 사냥에도
가끔 참여했겠지만 주로 집 주변에서 채집을 했잖아요. 근데
아빠는 사냥에 실패한 날이 많았을 거 아니에요. 사냥의
효과는 불규칙하니까. 그러니까 아빠는 어느 날 저녁상 차림에
기여한 바가 없는 상황에서는 남자의 권위를 주장하는 게 쉽지
않았겠지요.

정희진

선생님도 책에 쓰셨지만 그러니까 여성들은
실질적으로 뛰어난 직업층 소위 고급 직업군
여성들의 활약이 크지만, 중간층 이하의 여성들
입장에서는 양쪽 일을 다 하고 있지요. 그러니까
교수나 외무고시 합격률로 체감할 수 없는 현실이
있는 거죠. 근데 자본주의 사회에서도 또 젠더가
신자유주의 체제에서 엄청난 변화를 갖고 1인
가구로 가고 막 이렇게 됐잖아요. 선생님들이
인류학적인 얘기를 하거나 생물학적 얘기를 하면
저는 물론 재밌고 좋지만, 여성의 실제 상황은 좀
다른 면이 또 있죠.

최재천

그렇죠. 제 딴에는 이렇게 변해갈 거라고 예측했던 것이
어느 정도 맞아가다가 갑자기 신자유주의랑 맞물리면서 졸지에
영 이상한 방향으로 흐르는 것 같아 실망입니다. 그래도 저는
기대를 아직 접지 않고 있습니다. 지금 우리가 이대남이다
뭐다 하는 건 일시적인 현상이지 않을까 생각합니다. 이철희
선생님께서 언급하신 통계자료들은 근본적인 구조 자체가
변하고 있다는 걸 가리키잖아요. 저는 혹시 그런 변화를 좀

가속화하는 데 기여하고 싶은 마음에 이 책을 쓴 거죠.

정희진

저는 선생님 책이나 말씀에서 제일 인상적이었던 게 사모님 얘기를 많이 하세요. 채 교수님 얘기를 많이 하세요. 원래 사랑하는 사람 얘기를 많이 하잖아요.

박한선

저도 공감합니다. 사실 남성 혹은 여성에 관해 가진 관점의 상당 부분은 자신의 파트너에 대한 관점을 그대로 반영하거든요. 이런 화제가 입에 오르면, 은연중에 내 아내는? 내 남편은? 내 여자친구는? 내 남자친구는? 그렇게 생각하면서 일반화하는 경향이 많죠. 교수님께서 그간 다양한 활동을 하시는 데 사모님의 역할이 크지 않았나 싶습니다. 만약 교수님의 가정에 불화가 심했다면, 이런 책이 나올 수는 없었을 것 같은데요.

최재천

제가 책에서도 고백했지만 미국에서 어느 토요일 오후에 설거지를 하다가 이상한 마음이 턱 든 거예요. 그러니까 결혼할 때 뭐 잘하겠답시고 설거지는 내가 할게, 자진해서 약속했는데 설거지를 하기는 하지만 무지하게 빨리 해야 되는 거예요. 이거 빨리 해치우고 공부하러 가야 되잖아요. 컴퓨터 앞에 앉아야 하니까. 뭐 그릇 깨는 일도 많았고 음식 찌꺼기가 여기저기 묻은 채로 끝내곤 했죠. 그때가 결혼생활 거의 10년 차였어요. 갑자기 이런 생각이 들었어요. 나는 왜 이 일을 저 사람의 일이라고 규정하고 내가 돕고 있다고 생각하고 있을까. 제 아내는 저보다 2년 먼저 미국에 공부하러 온 여성인데 뒤늦게 온 어떤 남자 놈하고 결혼하는 바람에 안 하던 일을 해야 되는 거잖아요. 그날 이후로 저는 설거지의 달인이 됩니다. 어쩌다 그 사람이 설거지를 하면 제가 다시 해요. 이렇게 하면 안 돼. 접시를 이렇게 가지런히 놔야 물이 쪽쪽 잘 빠지잖아. 다시 해요. 근데 어느 날 또 잔소리하면서 돌아보는데 그 사람이 빙그레 웃고 있더라고요. 뭐 그런 병은 앓아도 좋다는 표정으로. 이게 내 일이 되니까 열심히 할 거 아니에요. 설거지가 내 일이라는 인식이 생기고 나니까 정말 잘하고 싶더라고요.

박한선

교수님의 통찰은 사모님과의 일상의 삶이 누적되면서 나타난 것이 아닌가 싶습니다.

최재천

자연에서 동물들을 관찰하는 게 일과인 연구를 하지
않았더라면 저는 절대 이렇게까지 변하지 않았을 거예요.
동물들을 관찰하고 있으면 암컷이 훨씬 중요하다는 사실이
그냥 보여요. 자연에서는 번식이 가장 소중한 일이고 번식의
중심은 암컷이니까요. 그걸 매일 관찰하다가 우리 사회를 보고
우리 가정을 보면 비교를 하게 되죠. 어느 순간 제 학문적인
깨달음이 제 삶을 바꿔줬다고 생각해요.

미국에서 만난 제 아내는 저로서는 한 번도 본 적이 없는
여자여서 저에겐 충격이 어마어마하게 컸어요. 그렇지만
어느 순간 제 학문에서 얻은 깨달음 하고 그 사람의 삶의
궤적을 보며 얻은 깨달음이 맞아떨어지면서 생각이 확실하게
달라졌어요. 제 아내는 여전히 인정하지 않겠지만 저는 어느
순간 의지를 가지고 삶을 대하는 태도를 확실하게 바꾸기 위한
노력을 했어요.

이철희

생각과 마음이 닿아도 실제로 행동을 바꾸기는
어려울 수 있어요. 익숙한 것에 만족하고 불리한
것을 피하려고 하죠. 그게 옳다는 이유로 힘들고

불리한 선택을 하는 사람은 드물어요. 그런 의미에서
행동을 조금이라도 더 바꾸는 데에 한 사회의 법이나
정책 같은 제도가 굉장히 중요한 게 아닌가 하는
생각이 듭니다.

오늘날 우리가 모델국가로 생각하는 북구도
1970년대 중반까지는 우리나라와 큰 차이가
없어 보이더라고요. 근데 왜 시간이 지나면서
이렇게 바뀌었을까. 거기에는 상당히 강력한
공공정책이라든가 법률에서의 변화가 크게 영향을
미쳤을 것으로 봅니다. 실제로 미국은 1960년대에
민권법(Civil Right Acts)이 제정되었는데 그중 제7조는
차별금지법으로 성별이나 인종에 따른 차별을
금지하고 있습니다.

거기서 끝난 게 아니라 이를 강제하는 기구를
만들어서 어기면 규제를 하게 되었고요. 마음에서
우러나서 자연스레 행동이 바뀐다면 좋겠지만
그렇지 않기 때문에 제도로 행동을 강제하고, 행동이
변하다 보면 인식도 함께 바뀌는 것 같아요.

우리나라는 여성과 남성 간의 임금격차가 큰데, 처음 입직할 때는 그렇지 않고 30대가 넘어가면서 벌어집니다. 대개 여성이 결혼이라든가 출산으로 인해 경력이 단절되었다가 나중에 다시 노동시장에 들어갈 때 좋은 일자리의 기회가 부족하죠. 그러면 왜 여성들의 경력이 단절되는 걸까요. 제도적인 여건이 녹록지 않거든요. 문화적인 면에서 남자가 집에서 일을 안 하기도 하지만 공공정책이 뒷받침되어 아이를 편하게 기를 수 있게 하는 여건도 안 돼 있고요. 노동시간도 너무 길고 유연하지가 않고요. 그래서 제도와 공공정책의 역할이 필요하다고 봅니다.

그런 점에서 저는 이 책 말고도 선생님께서 호주제 폐지에 공헌하신 것도 세상을 바꾸는 데 상당한 도움을 주신 게 아닐까. 법이 바뀌는 것만으로는 충분하지 않다고 하더라도 그것 자체가 사람들의 인식과 행위에 상당히 많은 변화를 불러왔을 텐데요. 그래서 사회제도와 정책을 통해 긍정적인 변화를 추구할지 고민하는 것도 굉장히 중요하다고 생각합니다.

박한선

궁극적으로 바라는 건, 남성이든 여성이든 능력대로
공정하게 대우받자, 이거 아니겠습니까? 참, 말은
쉬운데, 실천은 어려운 일입니다.

정희진

능력을 다룰 때 우리는 주로 공적 영역에서의 능력을
다루는데, 핵심은 사적 영역에 있다는 생각이 들어요.
우리는 돌봄 같은 인간의 조건을 무시하고 살 수가
없으니까 사적 영역에서 혁명이 일어나야 하는 거죠.

이철희

경제학의 관점에서는 노동시장에서의 성차별
문제를 시장의 성차별만이 아니라 시장 밖에서의
성차별(non-market discrimination)이나 시장 이전의
성차별(pre-market discrimination)이 함께 존재한다고
보거든요. 그러니까 조건이 만들어질 때부터
차별이 들어가 있는 건데요. 제가 말씀드렸던
것처럼 부모가 딸에게 아들보다 지원을 덜 하는
그런 차별이 발생하면 노동시장에 진입할 때 이미
격차가 발생하게 됩니다. 저도 정희진 선생님 말씀에

공감하는 것이, 굉장히 많은 것들이 사적인 영역에서
결정이 되거든요.

예를 들어 동료들끼리 술자리에서 밤늦게까지 있지
않으면 결국 의사결정을 포함한 네트워킹에서
배제되는 측면이 분명히 있죠. 노벨경제학상을
받은 골딘 교수도 미국이 그동안 많이 바뀌고
여성이 약진하고 상당히 많은 부분에서 거의 남성과
동등하게 경쟁하고 있지만 여전히 유리천장이
몇 군데가 있다고 해요. 그게 어디냐면 대기업의
이사진이라든가 대형 로펌의 파트너들이라고
합니다. 왜냐, 거기는 엄청난 노동시간을 필요로
하죠. 높은 급여와 좋은 대우를 받는 대신 그야말로
자기 생활이 전혀 없이 일을 하죠. 우리나라
대기업도 크게 다르지 않습니다. 그런 식으로
소진되는 노동환경에서는 여성이 그걸 감당하기
어렵고 그래서 아무리 능력이 있어도 진입하기
어려운 거죠. 근데 그걸 가지고 결국 '이런 일을 못
한다'라고 얘기하는 건 노동시장에서의 차별(market
discrimination)만으로는 설명하기 좀 어려운 면이
있습니다.

최재천

제도적인 변화나 법적인 근거를 마련하게 되는 배경에는
사회가 그런 거를 요구하는 분위기가 마련돼야 하겠죠. 뭔가
사회에 요구하고 반영되는 작은 변화들이 쌓여 구조적인
변화를 일으키면서 제도도 바뀌는 게 아닐까요. 저는 그런
변화를 일으키는 데에는 사고의 유연성을 만들어 주는 것이
굉장히 소중한 일이라고 생각해요.

박한선

동의합니다. 교수님께서 호주제 폐지에 관해 아무리
설득력 있는 말씀을 하셨어도, 당시 한국 사회의
남성이 그걸 받아들일 준비가 전혀 되어 있지
않았다면 호주제 폐지는 불가능했을 겁니다. 겉으로
드러내지는 못하지만, 변화의 힘이 수면 밑에서
축적되어 가던 중에 누군가 불꽃을 탁 터트리면
가시적인 사회적 변화가 나타나게 되겠죠. 들은
이야기인데요. 성평등지수가 가장 높은 사람은
여성이 아니라, 딸 가진 아빠라고 하더라고요.

(일동 웃음)

제가 예전에 NGO에서 일할 때 애를 한 번 데리고
간 적이 있었는데, 엄청 눈치가 보이고 막 땀 흘리고
난 다음부터는 데리고 갈 엄두가 안 났어요. 다들
여성들이었는데 말이죠. 그런데 다른 단체에서
남성이 애를 데리고 가니까 페미니스트로 등극을
하더라고요. 같은 육아인데 여성이 하면 민폐고,
남성이 하면 아닌 거죠.

또 여성들은 구조적인 약자면서 여성들 간에도
차이가 크죠. 지금 여성주의, 젠더 관련해서
벌어지고 있는 논쟁 중 하나가 페미니즘이
대중화되긴 했지만 보수화된 부분이 있다는
거예요. 페미니즘이 사회정의라기보다는 정체성의
정치에 더 포커스가 맞춰지면서 남자아이를
'한남유충'이라고 하거나 난민을 반대하거나
트랜스젠더를 반대하거나 그런 여성들이 상당히
많거든요. 그리고 합리적인 근거가 있어도 여성을
반대했다고 저를 여성혐오라고 하는 등 당황스러울
때가 있습니다. 그래서 페미니즘의 대중화와
민주주의가 꼭 함께 가지는 않는 것 같습니다. 누가

구출해주는 것이 아니라 여성들이 사회변화의
주체가 되어야 하겠죠.

박한선

교수님께서 이 책을 통해 특별히 당부하고 싶으신
것이 있다면요?

최재천

이런 책을 제가 쓰겠다고 마음먹은 데에는 두 가지 이유가
있습니다. 남성의 생각이 좀 바뀌었으면 하는 생각이 일단
있었습니다. 그게 남자 입장에서 반겨야 하는 일일지도
모른다는 겁니다. 20년 전 제가 아마 세계보건기구(WHO)에서
찾은 통계로 기억하는데, 대한민국 40~50대 남성의 사망률이
세계에서 가장 높다는 통계자료가 있었어요. 다른 나라보다
월등하게 높았어요. 쓸데없는 책임감만 많이 갖고 있고 실제로
누리는 것은 별로 없는 상황에서 죽어라고 일만 하다 보니
사망률이 그렇게 높게 나온 거지요. 그런 삶을 사느니 삶을
즐기려면 남성과 여성이 공존하는 사회를 만들어내야 한다는
게 제 주장입니다.

똑같은 얘기의 다른 면이겠지만 저는 여성들이 제 책을

읽는다면 왜 남성들 중에서 페미니스트를 좋아하지 않는 남성이 많은지 그 이유를 조금은 이해하게 되지 않을까 생각합니다. 생물학적 차이가 분명히 있음에도 불구하고 절대로 차별하면 안 된다고 주장하는 사람들도 있잖아요. 저는 이 책에서 단계별로 설명하려 애썼습니다. 유전자의 차이도 없고 세포 수준에서 차이도 없고 뇌 수준에서도 차이가 없는데 이걸 왜 생물학적으로 뭔가 어마어마한 차이가 있는 것처럼 말했는가. 저는 우리나라 여성들이 스스로 낮춰야 한다는 부담을 가질 필요가 없다고, 남성과 대등한 우리 사회의 구성원이라는 걸 말하고 싶었어요. 그래야 우리 사회가 올바른 균형을 잡아가게 될 것이라고 생각했어요.

이철희

일단 이 책에 대해서 말씀을 드리면 우리가 200년 전에 쓴 책도 그대로 읽으면서 여전히 많은 걸 배우고 있잖아요. 이 책도 그렇게 될 수 있을 거라 생각하고요. 이 책을 못 읽었던 사람들, 다시 읽을 사람들이 많이 배울 책이 될 수 있을 거라 생각합니다.

남녀관계와 관련해서 우리 사회가 굉장히 어렵고

힘들다고 느껴지는 것은 다른 사람이 자신과 다르다는 사실을 잘 받아들이지 못하는 것이 아닐까. 다양성에 대한 받아들임이라든가 인정이 굉장히 낮은 사회라는 생각이 들고요. 그래서 여성도 굉장히 어렵지만 그 외에 자기가 남들과 좀 다른, 그러니까 소위 주류와 좀 다른 사람들이 참 살기가 힘든 나라가 아닌가 하는 생각이 들어요.

그래서 프랑스에서 '똘레랑스(tolérance)'라고 하는, 자기와 다름을 받아들이는 게 필요할 것 같고요. 그다음에 보통 사람이 이렇고 일반적으로 이렇고 평균이 이렇다는 인식에서 벗어나서 각자의 사람들이 자신만의 맥락으로 편하게 살 수 있는 그런 사회가 되는 것이 바람직한 것 같고요. 남녀관계도 그런 관점에서 진보되어야 하는 것이 아닌가. 남성이나 여성이나 하나의 그룹으로서가 아니라 성별은 가지고 있는 하나의 특징이고 그냥 개인으로서 존중받으면서 사는 그런 사회가 되는 것이 필요하지 않을까 생각합니다.

저는 그냥 시민, 안목 있는 독자가 되고 싶어요.
그 안목 있는 독자가 많아야 사회가 잘된다고
생각하거든요. 그런 의미에서 저한테 생물학에 대한
공부가 많이 됐어요. 다른 생물학책을 보면 그림도
생소하고 용어도 어렵고요. 어쨌든, 그래서 일단
이 책의 객관적인 정보가 남성과 여성 모두에게
도움이 될 거라고 생각해요. 두 번째는 젠더만
문제가 아니잖아요. '멀티플 젠더'라고 얘기하는데
복합적 젠더, 그러니까 저도 맨 처음에는 저출산은
선생님 같은 입장에서 진화인류학적인 여성들의
선택이라고 생각을 했어요. 저출산에 대한 옹호
비슷한 거였죠.

여성들이 드디어 출산파업을 하고 나라를
구하는구나. 그렇게 생각했다가 출산파업, 아니
저출산이 실질적으로는 지방소멸로 연결이
된다. 만약 그렇다면 저출산과 지방소멸을 함께
고민해야 하는 게 아닌가. 지금 한국이 너무 서울
집중적이잖아요. 이런 모노리식(monolithic), 즉
일괴암(一怪巖)이 되는 데 저출산이 영향을 미치고

지방소멸로 이어져서는 안 되는 것처럼 젠더가 다른
사회적 문제와 같이 연결해서 고민했으면 좋겠고요.
거기에 이 책이 발판이 됐으면 좋겠습니다.

그리고 이 책의 제목을 '성선택설'로 하면
저는 더 좋을 것 같아요. 부제를 '화장'으로
하고요. 성선택설이 더 대중적이고 더 호기심을
불러일으키는 제목이 아닌가 싶어요. 여성
생물학자들이나 도나 해러웨이 같은 사람들이
하기 전까지는 발견이나 연구가 안 됐었잖아요.
선생님께서 지금까지 그걸 해오셨으니까 이번
기회에 성선택설을 확실히 알리시는 거죠.

박한선

벌써 20년 된 책이죠. 근데 다시 읽어도 아주
재미있습니다. 제가 얼마 전에 『인간의 자리』라는
책을 쓰면서 선생님을 벤치마킹했습니다. 동물의
세계에서 벌어지는 이야기를 쓰고, 그걸 인간사회에
적용하는 방식이요. 물론 이런 식의 접근이
'자연주의의 오류'라는 비판을 받기도 하겠습니다만.

인간은 다른 대형 유인원과 달리 장기간의 짝결속을
통해 적응적 이익을 추구하는 독특한 종이거든요.
'알면 사랑한다'. 저는 100% 동의합니다. 하지만
우리가 앎을 배우기 전부터 감정이 먼저 있었거든요.
정서가 인지를 부르고, 인지가 행동의 변화를
부릅니다.

사실 이제 전보다는 충분히 많이 알고 있는 것
아닐까? 그래서 지금의 시대에는 사랑이 더 필요한
것 같습니다. 오랜 예전부터 남성과 여성의 장기간
결속을 만들어낸 가장 강력한 힘. 즉 서로의
애착이라는 그 강력한 정서가 지금 혐오로 넘치는
사회를 다시 결속시켜줄 수 있지 않을까 합니다.
그래서 그 결속의 힘이 다시, 교수님 말씀대로,
앎으로 이어지고, 그렇게 세상이 조금씩 바뀔 것으로
생각합니다.

최재천

세 분 선생님들의 혜안이 이 책의 품격을 한 단계
높여주셨습니다. 정말 고맙습니다.

여성시대에는 남자가 화장을 한다 :
다윈의 성선택과 한국 사회

지은이	최재천	처음 펴낸 날	
좌담	박한선, 이철희, 정희진	2023년 12월 29일	
펴낸이	주일우		
편집	김희선		
디자인	PL13		

펴낸곳	이음
출판등록	제2005-000137호 (2005년 6월 27일)
주소	서울시 마포구 월드컵북로1길 52, 운복빌딩 3층
전화	02-3141-6126
팩스	02-6455-4207

전자우편
editor@eumbooks.com
홈페이지
www.eumbooks.com
인스타그램
@eum_books

ISBN 979-11-90944-73-1(03400)
값 18,000원